환경공학기술자
어떻게
되었을까
?

꿈을 이룬 사람들의 생생한 직업 이야기 46편
환경공학기술자 어떻게 되었을까?

1판 2쇄 펴냄 2023년 11월 17일
펴낸곳 ㈜캠퍼스멘토
책임 편집 이동준 · 북커북
진행 · 윤문 북커북
디자인 ㈜엔투디
커머스 이동준 · 신숙진 · 김지수 · 김연정 · 강덕우 · 박지원 · 송나래
교육운영 문태준 · 이동훈 · 박홍수 · 조용근 · 정훈모 · 송정민
콘텐츠 오승훈 · 이경태 · 이사라 · 박민아 · 국희진 · 윤혜원 · ㈜모야컴퍼니
관리 김동욱 · 지재우 · 윤영재 · 임철규 · 최영혜 · 이석기
발행인 안광배

주소 서울시 서초구 강남대로 557 (잠원동, 성한빌딩) 9층 (주)캠퍼스멘토
출판등록 제 2012-000207
구입문의 (02) 333-5966
팩스 (02) 3785-0901
홈페이지 http://www.campusmentor.org

ISBN 979-11-92382-14-2 (43530)

· 인터뷰 및 저자 참여 문의 : 이동준 dj@camtor.co.kr

현직
환경공학
기술자들을
통해 알아보는
리얼 직업
이야기

환경공학기술자 어떻게 되었을까?

CampusMentor
캠퍼스멘토

“
도움을 주신 환경공학기술자들을 소개합니다
”

K-water 상하수도연구소

김연권 수처리연구팀장

- 현) K-water 상하수도연구소 수처리연구팀장
- K-water 상하수도 연구소 연구원
- 충남대학교 환경공학과 학부 및 대학원 강사
- 초당대학교 간호학과 강사
- 한경대학교 화학공학과 강사
- 한양대 토목환경공학 박사학위
- 글로벌500 한국인회 간사
- 대기환경기사 1급
- 한국물환경학회 〈기술상〉 수상 외 다수

K-water 연구원

이혜숙 책임연구원

- 현) K-water 연구원 책임연구원
- 충남대학교 생명과학과 박사
- 이화여자대학교 환경공학사 석사
- 수질환경기사
- 이화여자대학교 환경공학과 학사

국립환경과학원 자원순환연구과

윤영삼 과장

- 현) 국립환경과학원 자원순환연구과 과장
- 현) 한국환경공단 제11기 기술자문설계심의분과위원
- 현) 한국폐자원에너지기술협의회 비상임이사
- 휘발성유기화합물 회수장치 및 회수방법 등 8건 특허 출원·등록
- 우수연구자(2017), 마르퀴즈 후즈 후 세계인명사전 등재(2011) 외 다수 수상
- 에너지회수형 폐기물소각시설 정비매뉴얼 등 기술자료집 20권 이상 발간

한국환경공단

황승만 물환경관리처장

- 현) 한국환경공단 물환경본부 물환경관리처장
- 현) 세계신지식협회 세계신지식인
- 현) 국립환경과학원 정도관리평가위원
- 현) 국립환경인재개발원 환경측정분석사 검정위원회 위원
- 현) 한국대기환경학회 평의원
- 한국표준과학연구원 신진연 구원
- 영남대학원 일반대학원 환경공학 박사학위 취득
- 영남대학원 일반대학원 환경공학 석사학위 취득
- 대구한의대학교 환경보건학 학사 졸업

KAIST 건설 및 환경공학과

강석태 부교수

- 현) KAIST 부교수
- 경희대학교 조,부교수
- University of Alberta 조교수/겸임교수
- Yale University 박사후연구원
- 광주과학기술원 연구교수
- 한국과학기술원 박사후연구원
- UC Riverside 박사후연구원
- 한밭대학교 강사
- 한국기계연구원 방문연구원
- KAIST 연구조교
- KAIST 환경공학 박사
- KAIST 토목공학 학사

한국환경연구원 대기환경연구실

이승민 연구위원

- 현) 한국환경연구원 대기환경연구실 연구위원
- 한국환경연구원 대기환경연구실 부연구위원
- 서울대학교 기초과학연구원 박사후연구원
- 특허 제10-1194677호(도시 지역 고농도 미세먼지의 발원지 추정 방법)
- Outstanding Student Paper Award of AGU Fall Meeting
- 서울대학교 자연과학대학 지구환경과학부 대기과학 전공 박사
- 서울대학교 자연과학대학 지구환경과학부 대기과학 전공 석사
- 기상청 관측국 측기관리과 기상서기보
- 기상기사
- 서울대학교 자연과학대학 대기과학 전공 학사

이 책의 구성

Chapter 1

환경공학기술자, 어떻게 되었을까?

Chapter 2

환경공학기술자의 생생 경험담

Chapter 3

예비 환경공학기술자 아카데미

CHAPTER

| 1 |

환경공학기술자,

어떻게 되었을까?

환경공학기술자란?

환경공학기술자란

환경문제를 연구·분석·평가하고, 환경오염의 통제 방법 및 환경문제의 개선책, 대기오염, 수질오염, 소음 및 진동 문제, 폐기물 처리 등 환경오염방지시설, 건설공사 현장의 환경 개선 등과 관련된 분야를 연구·개발하는 일을 한다.

- 환경공학기술자 및 연구원은 각종 환경오염 문제를 확인하여 연구개발을 통해 방지 대책을 세우거나 환경오염방지 설비를 설계 제작하고 환경 개선 방안을 수립한다.
- 환경보전에 필요한 다양한 공학적인 기술을 개발하고, 환경오염 방지 및 제어를 위한 처리시설을 설계한다.
- 발생한 폐기물 및 기타 오염물질 등을 정화하기 위한 공정의 설계 및 시공, 운전 등에 관여한다.
- 오·폐수 처리장의 시설을 진단하고 기존 시설의 효율적인 이용계획과 발전계획을 수립한다.
- 도시고형폐기물(MSW: Municipal Solid Waste)의 처리에 관한 연구와 매립지를 설계하고 쓰레기 매립장의 안전진단 및 안정대책을 세운다.
- 각종 개발 행위가 자연환경에 미치는 영향을 오염방지 대책 및 환경보전정책을 중심으로 사전 평가한다.

출처: 커리어넷

환경공학기술자의 직업전망

(연평균 취업자 수 증감률 추정치)

감소	다소 감소	유지	다소 증가	증가
-2% 미만	-2% 이상 -1% 이하	-1% 초과 +1% 미만	1% 이상 2% 이하	2% 초과

향후 5년간 환경공학기술자 및 연구원과 관련 직업인 환경공학기술자의 고용은 다소 증가할 것으로 전망된다. 범세계적 환경규제 강화와 환경 의식의 급신장으로 환경산업은 지속적인 성장이 예상된다. 환경산업은 전형적인 선진국형 산업으로 선진국으로 갈수록 발전하는 산업이다. 국민의 소득수준이 높아지면서 삶의 질이 향상되고 이에 따라 빛, 소음, 미세먼지, 등 생활환경 및 환경보전에 대한 욕구가 상승하고 있어 정부에서는 환경규제를 강화할 것으로 보이기에 환경산업 시장은 확대할 것으로 보인다. 정부는 저탄소 사회로 전환을 위해 온실가스목표관리제를 도입하여 기후변화 대응을 강화하고 폐기물재활용 촉진 및 에너지화 대책을 마련하는 등 생활 속에서 체감할 수 있는 환경정책을 더욱 강화하며 환경가치가 높은 국토와 생태환경을 조성하기 위한 노력을 계속할 것으로 보인다.

기후변화로 상징되는 환경위기와 고유가로 대변되는 자원 위기로 '저탄소 친환경 패러다임'은 우리나라에만 해당하는 것이 아니라 전 세계적인 관심사이며 성장 동력 분야이다. 이에 따라 선진국을 비롯한 각국은 자원의 효율적·환경 친화적 이용에 국력을 집중하고 있다. 국제적으로 기후변화에 대한 대응을 위한 협약 체결 및 이행준수에 대한 압박으로 온실가스 저감, 연료 재활용, 도심 및 외곽의 버려진 토지 친환경 개발 등의 분야에서 기술자와 컨설턴트의 인력 수요는 발생할 것이다. 2015년 채택된 파리협정에서는 2020년 이후 산업화 이전보다 지구 온도 상승 폭을 2010년까지 섭씨 2도 이하로 제한한다는 목표 아래 온실가스 배출량을 줄이는 법적 구속력 있는 합의를 내놨다.

우리나라의 경우 교토의정서에는 감축 의무가 부과되지 않았으나 이번 파리협정에서는 2030년 배출전망치(BAU) 대비 37% 감축안을 발표하였다. 협정은 구속력이 있으며 2013년부터 5년마다 당사국이 탄소 감축 약속을 지키는지 검토하기로 되어 있어 국내에서도 에너지 효율 제고 및 온실가스배출 저감 관련된 진단, 검증 및 탄소배출권 거래 등의 서비스 분야에서 새로운 직업이 나타나고 새로운 일자리가 창출될 것으로 기대된다. 이외에도 정부에서는 물 산업을 양성하고자 각종 지원에 나설 것으로 보인다. 이를 통해 물과 관련 일자리 20만 개(신규고용 7만 명)를 창출한다는 계획이다. 더욱이 대내외 환경규제에 따라 환경기준을 만족하지 못하면 수출 및 수입이 제한되고 이러한 품목은 지속해서 증가할 것으로 보여 고용에 긍정적이다. 또한 신규화학물질을 또는 연간 1톤 이상 등록대상 기존 화학물질을 제조, 수입하려는 경우 제조 또는 수입 전에 미리 등록하는 등「화학물질의 등록 및 평가에 관한 법률」을 시행하고 있어 경력 있는 환경공학기술자의 진입도 촉진할 것이다. 단, 이러한 추세에도 환경을 비용으로 간주하는 기업의 인식은 여전히 지속할 것으로 보여서 관련분야의 투자는 많이 증가하지 않을 것으로 보여 대폭적인 일자리 증가는 어려울 것으로 보인다.

출처: 워크넷 직업정보

환경공학기술자의 업무능력과 지식

◆ 업무수행능력 중요도

중요도	업무수행능력	설명
91	기술 분석	새로운 방법을 고안하고 기존의 방법을 개선하기 위해서 현재 사용되는 도구와 기술을 분석한다
91	기술 설계	사용자의 요구에 맞도록 장비와 기술을 개발하여 적용한다
88	수리력	어떤 문제를 해결하기 위해 수학을 사용한다
87	전산	다양한 목적을 위해 소프트웨어나 인터넷을 활용하거나 프로그램을 작성한다
85	글쓰기	글을 통해서 다른 사람과 효과적으로 의사소통한다
81	읽고 이해하기	업무와 관련된 문서를 읽고 이해한다
80	장비 선정	업무를 수행하는데 필요한 도구나 장비를 결정한다
79	논리적 분석	문제를 해결하기 위해(혹은 의사결정을 하기 위해) 체계적으로 이치에 맞는 생각을 해낸다
	장비의 유지	장비에 대한 일상적인 유지보수를 하고 장비를 유지하기 위해 언제 어떤 종류의 조치를 취해야 하는가를 안다
	듣고 이해하기	다른 사람들이 말하는 것을 집중해서 듣고 상대방이 말하려는 요점을 이해하거나 적절한 질문을 한다

◆ 지식 중요도

중요도	업무수행능력	설명
99	물리	공기, 물, 빛, 열, 전기이론 및 자연현상에 관한 지식
	생물	동·식물 또는 생명현상에 관한 지식
	화학	물질의 구성, 구조, 특성, 화학적 변환과정에 관한 지식
86	영어	영어를 읽고, 쓰고, 듣고 말하는 데 필요한 지식
85	지리	육지, 바다, 그리고 하늘의 특성 및 상호관계에 관한 지식
83	법	법률, 규정에 관한 지식
82	공학과 기술	다양한 물건을 만들고 설계하거나 서비스를 제공하는 데 필요한 공학적인 원리, 기법, 장비 등을 실제로 적용하는 지식
78	산수와 수학	연산, 대수학, 통계, 기하학의 계산 및 응용에 관한 지식
75	국어	맞춤법, 작문법, 문법에 관한 지식
73	건축 및 설계	집, 빌딩, 혹은 도로를 만들고 수리하는 데 필요한 지식

환경공학기술자 관련 자격증

■ 정규 교육과정

환경공학 기술자 및 연구원이 되기 위해서는 전문대학 및 대학교에서 환경공학과, 화학과, 환경학과, 환경시스템공학과, 해양환경공학과, 산림환경과학과, 환경과학과, 환경정보과, 환경화학공학과, 토목환경공학과 등을 졸업하는 것이 유리하다.

■ 관련 자격증

관련 국가자격증으로는 한국산업인력공단에서 시행하는 대기관리기술사, 수질관리기술사, 해양환경기사, 환경기능사가 있다.

■ 입직 및 취업방법

진출 분야로는 환경전문용역업체, 환경오염방지 시설업체, 폐기물처리회사, 건설업체 등 산업체와 각종 환경 관련 연구소, 정부투자기관, 학교 등이다. 또한 지방 및 정부 부처의 공무원으로 근무하기도 하며 국립 연구소에서도 근무하는데 이 경우 석사 이상 또는 환경기사 이상의 자격을 요구한다.

◆ 대기관리기술사 자격시험

경제의 고도성장과 산업화를 추진하는 과정에서 필연적으로 수반되는 오존층과 온난화, 산성비 문제 등 대기오염이라는 심각한 문제를 일으키고 있다. 이러한 대기오염으로부터 자연환경 및 생활환경을 관리·보전하여 쾌적한 환경에서 생활할 수 있도록 대기오염에 관한 전문적인 지식과 풍부한 경험을 갖춘 전문인력 양성이 요구됨.

① 시 행 처 : 한국산업인력공단
② 관련학과 : 전문대학이나 4년제 대학의 대기과학, 대기환경공학 관련학과
③ 시험과목 : 대기오염의 현상과 계획, 관리, 방지 및 측정기술에 관한 사항
④ 검정방법
- 필기 : 단답형 및 주관식 논술형(매 교시 100분, 총 400분)
- 면접 : 구술형 면접시험(30분 정도)

⑤ 합격기준 : 100점을 만점에 60점 이상

⑥ 출제경향

- 대기관리에 관한 실무경험, 전문지식 및 응용능력
- 기술사로서의 지도감리·경영관리능력, 자질 및 품위

수질관리기술사 자격시험

수질오염이란 물의 상태가 사람이 이용하고자 하는 상태에서 벗어난 경우를 말하는데 그런 현상 중에는 물에 인, 질소와 같은 비료 성분이나 유기물, 중금속과 같은 물질이 많아진 경우와 혹은 수온이 높아진 경우 등이 있다. 이러한 수질오염은 심각한 문제를 일으키고 있어 이에 따른 자연환경 및 생활환경을 관리 보전하여 쾌적한 환경에서 생활할 수 있도록 수질오염에 관한 전문적인 지식과 풍부한 경험을 갖춘 전문인력 양성이 요구됨에 따라 자격제도 제정.

① 시 행 처 : 한국산업인력공단

② 관련학과 : 대학이나 전문대학의 환경공학, 수질폐기물, 환경시스템공학, 환경공업 화학 관련 학과

③ 시험과목 : 폐수 및 폐기물처리, 토양, 하천 및 해양오염, 기타 환경오염의 현상, 계획 및 관리, 방지에 관한 사항

④ 검정방법

- 필기 : 단답형 및 주관식 논술형(매 교시 100분, 총 400분)
- 면접 : 구술형 면접시험(30분 정도)

⑤ 합격기준 : 100점 만점에 60점 이상

⑥ 출제경향

- 수질관리에 관한 실무경험, 전문지식 및 응용능력
- 기술사로서의 지도감리·경영관리능력, 자질 및 품위

해양환경기사 자격시험

산업발달과 인구증가에 따른 식량과 자원의 고갈로 바다의 이용이 더욱 활발해질 것이다. 이러한 해양개발은 생물자원, 해저광물자원, 해수의 화학적, 물리적 성질에 대한 분석을 기초로 하여 이루어지는 것이 가장 효과적이다. 이에 따라 물리, 화학, 지질, 생물해양학적 지식과 기술을 갖춘 전문인력이 해양개발에 필요한 기초 조사 및 연구를 수행하기 위하여 자격제도 제정.

① 시 행 처 : 한국산업인력공단

② 관련학과 : 전문대학 또는 대학의 해양학과, 해양학과학과, 해양공학과, 해양개발학과, 해양토목학과, 지구해양과학과, 해양자원학과, 지구해양과학과, 해양생물학과, 해양에너지자원공학과 등

③ 시험과목

- 필기 : 1. 해양학개론 2. 해양생태학 3. 해양계측학 4. 해수의 수질분석 5. 해양관련법규
- 실기 : 해양연안오염 방지 실무

④ 검정방법

- 필기 : 객관식 4지 택일형, 과목당 20문항(과목당 30분)
- 실기 : 복합형[필답형(1시간 30분, 50점) + 작업형(4시간, 50점)]

⑤ 합격기준

- 필기 : 100점 만점으로 하여 과목당 40점 이상, 전과목 평균 60점 이상
- 실기 : 100점 만점 60점 이상

⑥ 출제경향

- 필기시험의 내용은 큐넷 고객만족>자료실의 출제기준 참고
- 실기시험은 복합형(필답형+작업형)으로 시행
- 해양환경공정시험기준 인산염인 분석 실험 수행

출처: 커리어넷/ 큐넷

환경공학기술자의 자질

어떤 특성을 가진 사람들에게 적합할까?

- 환경공학기술자 및 연구원은 환경문제의 원인을 규명하고 이를 창의적으로 해결할 수 있는 분석력, 혁신적인 자세, 업무를 추진할 수 있는 리더십이 필요하다.
- 환경공학은 통계적인 수치로 오염정도를 분석하는 경우가 많으므로 신속 정확하고 꼼꼼한 사람에게 유리하며, 실험을 자주 하기에 끈기와 인내심이 요구된다.
- 관습형과 진취형의 흥미를 지닌 사람에게 적합하며, 정직, 신뢰, 성취, 분석적 사고 등의 성격을 가진 사람들에게 유리하다.

환경공학기술자와 관련된 특성

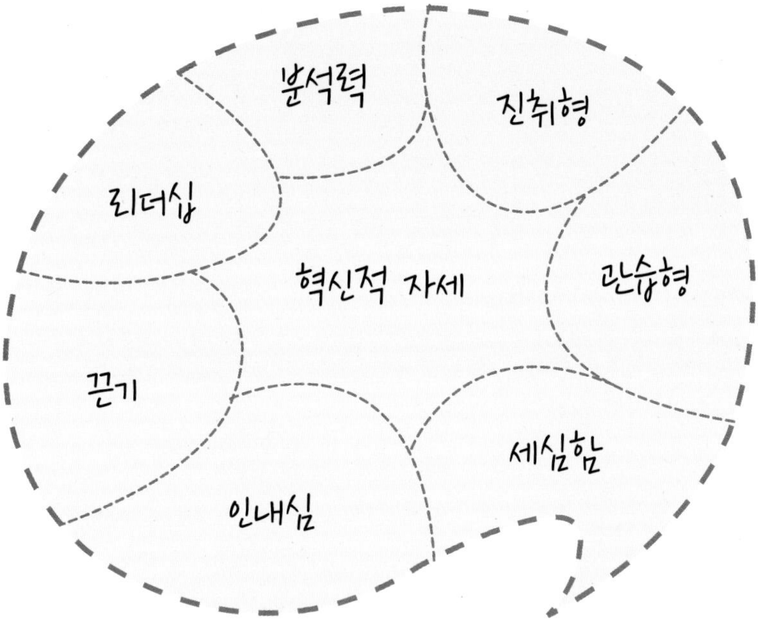

"환경공학기술자에게 필요한 자질은 어떤 것이 있을까요?"

톡(Talk)!
김연권

과학적 소양과 더불어 전문가적 자부심을 품어야 하죠.

연구원이 되기 위해서는 기본적 소양으로 과학을 잘해야 하고, 다소 꼼꼼하고 계획적인 성향이 있는 사람이 적합한 직업이라 생각합니다. 학문적으로는 물리, 화학, 생물학을 기본으로 다양한 컴퓨터 기술을 접목할 수 있다면 더욱 능력 있는 연구원이 될 수 있겠죠. 이렇게 기본 소양을 지닌 연구원이 되었다면, 이제부터는 태도적 부분을 살펴봐야 할 것 같네요. 연구원으로서의 꼭 필요한 태도는 '전문가적 자부심 품기'라고 말하고 싶습니다. 연구원은 전문분야의 높은 지식을 획득함으로써 초기엔 전문가적인 자부심을 품을 수 있지만, 시간이 흐를수록 '전문가적 자부심'을 유지하기 위해선 보다 높은 수준의 노력과 자기 발전을 이뤄야 하죠. 이때 '전문가적 자부심'이 올바른 방향으로 나아가려면 또 다른 철학적 사유가 필요한데, 그것이 바로 '높은 수준의 윤리의식'입니다. 연구자 자신의 윤리의식으로 시작해서, 해당 연구성과물이 미치게 될 타인에 대한 광의의 윤리의식까지 모두 갖추어야만 온전한 연구원으로서의 직업의식이 확립되었다 볼 수 있겠죠.

톡(Talk)!
황승만

환경 전반에 관한 이해와 다양한 분야에 대한 폭넓은 지식과 역량을 갖추는 게 중요해요.

흔히 '환경'이란 학문은 종합적인 학문이라고도 말합니다. 환경적인 현상을 이해하고 규명하려면 때로는 햇빛에 의한 광화학 반응, 화학물질 간 또는 기상인자에 의한 화학반응 등 다양한 반응에 대한 메커니즘 규명을 통해 환경오염물질과의 연관성을 입증하여야 하죠. 즉 '환경공학'이란 학문은 반응메커니즘 규명, 측정분석, 결과해석에 필요한 통계분석, 컴퓨터 시뮬레이션 등 다양한 분야에 대한 폭넓은 이해와 지식이 필요하답니다. 또한 환경오염으로 인한 피해 구제, 분쟁조정 등 다양한 이해당사자와의 협력, 공감능력, 합리적 사고, 문제해결 능력 등의 자질도 충분히 갖춰야 한다고 생각해요. 더 나아가 기후 위기로 인한 기후변화대응, 온실가스 감축 및 탄소중립 등 급변하는 세계정세에 부합하는 다양한 환경정책에 대한 이해 및 포괄적인 개념의 다양한 환경산업 정책에 대해서도 기본적인 역량을 갖춰야 하죠.

톡(Talk)!
이혜숙

꼼꼼해야 하고 창의성을 갖추고 있어야 해요.

모든 업무에서 필요한 부분이겠지만, 꼼꼼함과 창의성이라고 생각합니다. 수질모델링이라는 업무는 숫자 하나로 의사결정에 영향을 주는 업무이기 때문에 꼼꼼함은 필수 능력입니다. 그리고, 연구개발 R&D 직업을 장기적으로 하기 위해서는 창의적인 부분이 필요하다고 생각합니다.

톡(Talk)!
윤영삼

청렴과 사명감 위에 인문학적 소양도 쌓으면 좋아요.

공무원이라는 직업을 선택할 때 일반적으로 고려해야 할 자질이라면, 청렴함과 국가에 대한 사명감이라고 봐야겠지요. 국가 정책과 관련된 사업에 대한 인허가의 권한을 바르게 행사할 수 있어야 합니다. 또한, 연구 결과들이 국가 정책에 직접적으로 반영되기에 국가에 대한 대의적인 사명감도 중요해요. 나아가 환경공학의 특성상 이과적인 학문에 대한 이해와 더불어 석박사 과정을 이수하여 전공 분야에 관한 깊이 있는 접근을 할 줄 알아야 합니다. 연구직임에도 불구하고 팀원과의 관계나 부서별 토론에서 업무 진행에 관한 소통이 필요하기에 사람들과 원만한 관계를 유지한다면 훨씬 좋을 것 같네요. 그리고 해당 연구 분야 외에도 다양한 인문학적 소양을 쌓아 간다면 다양한 경험을 얻을 수 있고, 해외에서 연구할 수 있는 여러 가지 기회를 얻게 될 겁니다.

톡(Talk)!
이승민

여러 현안에 대한 종합적 판단력과 기민하게 반응하는 자세를 익혀야 하죠.

환경연구원의 일은 복잡한 사회 문제를 해결해야 하고, 많은 사람의 삶에 영향을 미치는 정책을 연구하는 일이에요. 그렇기에 국내외 현안에 관심을 두고 여러 상황을 종합적으로 판단하고 환경 변화에 기민하게 반응할 수 있는 자세가 필요하죠. 또한 연구의 결론이 탁상머리 행정이나 정책이 되지 않으려면 전공 이론뿐만 아니라 사회 분위기나 여론을 잘 살피는 노력도 필요하고요. 저의 경우에는 사회, 환경 분야 뉴스에서 기사 내용뿐만 아니라 베스트 댓글을 꼭 읽고 있어요.

톡(Talk)!
강석태

호기심을 품고 답을 찾아가는 과정을 즐기는 자세가 필요합니다.

연구자는 항상 질문을 하고 이에 대한 답을 찾으려 노력해야 하기에 알지 못하는 것을 알아내려고 하는 호기심이 가장 중요하다고 생각해요. 특히 알아내는 과정에서 본인의 가설을 만들고, 그 가설이 맞았을 때의 경험을 즐기는 태도가 중요하죠.

내가 생각하고 있는 환경공학기술자의 자질에 대해 적어 보세요!

환경공학기술자의 좋은 점 • 힘든 점

톡(Talk)!
김연권

| 좋은 점 |

내가 잘하고 좋아하는 일을 통해 성취감을 누릴 수 있어요.

연구원으로서의 직업적 장점은 '내가 좋아하는 일', '나의 전공을 직업으로' 계속할 수 있다는 점이라 생각됩니다. 연구원은 연구개발을 통해 이론적이고, 무형적이던 무엇인가를 하나씩 구체적이고도 형상화된 모습으로 실체화시킴으로써 큰 성취감을 얻게 만드는 장점이 있는 것 같습니다. 이 외에도 다양한 분야의 최고 전문가들과 함께 생활을 할 수 있고, 나의 지식을 남들에게 전달해 실질적인 도움을 줄 수 있다는 점 역시 매력적인 직업이라 말할 수 있습니다.

K-water연구원에 입사하여 연구원으로 산다는 건 다양한 물 환경 분야의 직업 중에서 매우 좋은 조건과 위치에서 근무한다는 것을 의미하기도 합니다. 이는 근무환경이나 복지수준, 급여 등이 동종 업계에 비해 좋고, 업무를 추진함에도, 상대적으로 높은 포지션에서 일할 수 있다는 장점이 있어요. 또한 물 환경 분야의 많은 전문인력과의 교류를 통해 최신 지식과 정보 속에서 글로벌하게 근무할 수 있다는 점도 빠질 수 없겠네요.

톡(Talk)!
황승만

| 좋은 점 |

다양한 영역에서 실력을 발휘할 수 있고 복지혜택도 좋답니다.

수질, 대기, 폐기물, 토양 등 환경매체 별로 다양한 업무를 수행하는 환경전문기관으로서 다양한 영역에서 자신의 실력을 발휘할 수 있죠. 특히 기술사, 박사 등 환경전문가 양성을 위해 필요한 비용지원 등 회사에서 적극적으로 지원해줍니다. 최근엔 제천에 있는 청풍호를 배경으로 한 연수원이 건립되어 각종 행사와 다양한 교육프로그램을 진행하고 있고 직원 복지도 꽤 좋은 편이죠.

톡(Talk)!
이승민

| 좋은 점 |

연구원에서의 조직 문화가 수평적이면서 존중하는 분위기예요.

연구 업무의 특성상 고유 분야에 대하여 단독으로 연구과제를 책임지고 일할 때가 많아요. 그렇기에 다른 직장보다는 서열화된 조직 문화가 적은 편이죠. 제가 처음 입사했을 때 어떤 선배 동료는 저에게 "우리는 대부분 개인 사업자라고 생각하면 돼."라고 이야기하기도 했어요. 그래서 맡은 업무에 대해 책임질 수만 있다면 개인 시간 운용이 비교적 자유롭고, 상하 수직적인 분위기보다는 수평적인 분위기에서 서로의 분야에 대해 존중하는 문화가 장점이라고 볼 수 있죠.

톡(Talk)!
강석태

| 좋은 점 |

교수로서 미래의 환경을 책임질 후학을 양성하는 기쁨이겠죠.

우리나라 국민의 생활 수준이 높아지면서 환경에 관한 관심도 나날이 증가하고 있습니다. ESG로 대표되는 환경경영은 앞으로 기업들의 성장을 좌우하는 기준이 될 것으로 예상해서 환경공학을 전공한 사람들이 더욱 필요합니다. 따라서 미래사회에서 후손들에게 깨끗하고 안전한 환경을 물려주기 위해 연구하는 제자들을 키우는 것이 가장 큰 장점입니다.

톡(Talk)!
윤영삼

| 좋은 점 |

적절한 워라밸과 더불어 국가 환경정책에 긍정적인 영향을 끼칠 수 있어요.

국가연구기관에서 근무하는 환경공학기술자의 최고 장점은 크게 두 가지로 얘기할 수 있을 것 같네요. 첫째, 제가 근무하고 있는 국립환경과학원은 연구직 국가공무원으로서 일반직 공무원과는 근무 상황 등이 조금 다르기는 하지만, 기본적으로 공무원의 중요한 장점 중의 하나인 적정 워라밸을 가지고 근무할 수 있다는 점이죠. 예를 들면 필요에 따라서 유연근무제도를 이용하여 근무시간을 원하는 형태로 조정할 수도 있어요. 두 번째로는 자신이 하는 연구의 결과들이 곧바로 국가 환경정책에 반영되어 국민의 삶과 환경의 질을 높이는 데 활용됩니다. 그 부분에 대한 자부심이라고 할 수 있을 것 같네요. 아울러 국가는 물론 전 세계적으로도 환경에 관한 관심과 투자가 과거보다 비교할 수 없을 정도로 높아지고 있고, 앞으로는 꾸준히 높아질 거예요.

톡(Talk)!
이혜숙

| 좋은 점 |

컴퓨터로 수행하는 일이라서 업무 시간이 비교적 안정적이죠.

현재 하는 업무가 수질관리 연구개발 업무 중에서 수질모델링 업무입니다. 연구개발 직업은 생각하는 다양한 내용을 과제로 제안하여 수행할 수 있습니다. 그리고, 수질모델링 업무는 컴퓨터로 수행하는 일이기 때문에 업무 시간이 안정적이라는 장점이 있습니다.

톡(Talk)!
김연권

| 힘든 점 |

신기술 개발에 따른 업무의 양이나 강도가 높은 편입니다.

소위 '신의 직장'이라고 불리는 막연한 나태함은 실제로는 존재하지 않아요. 더욱이 연구원의 특성상 연구자는 계속해서 새로운 지식을 연구, 발견하고 신기술을 개발해야만 합니다. 마치 음악가가 표절 없이 새로운 곡을 만들기 위해서 새로운 트렌드를 고민하고 반영하는 것과 유사하다고 말할 수 있겠네요. 연구원은 업무의 양도 제법 많고 그 결과의 중요성도 매우 커서 모든 업무가 신속, 정확해야만 하기에 업무강도가 높은 편입니다. 그렇기에 나만의 스트레스 해소법을 갖추고 있는 게 바람직하죠. 그래서 회사 차원에서 마련한 동호회에 가입하여 활동할 수도 있고, 헬스나 다이어트, 언어, 기타 개인의 삶의 질을 높이기 위한 여러 취미활동도 합니다. 연구원은 젊었을 때나 나이가 들었을 때나 구분 없이, 끝없이 연구해서 좋은 결과물을 만들어야 한다는 강박관념에 시달린다는 게 단점일 수도 있겠네요.

톡(Talk)!
이승민

| 힘든 점 |

업무의 성패가 팀보다는 개인에게 집중되는 경향이 있어요.

업무의 성패가 직장 선후배가 협력하여 서로 끌어주고 도와주는 분위기보다는 개인의 능력에 따라 크게 좌우될 수 있어요. 큰 규모의 프로젝트 수행이나 기관 전체적으로 대응해야 할 일이 있을 때 협력적인 도움을 기대하기가 조금 어렵죠.

톡(Talk)!
이혜숙

| 힘든 점 |

수행하는 업무에 대한 피드백이 즉각적이지 않답니다.

수행하는 업무의 결과가 바로 눈에 나타나는 것이 아니고 장기적으로 계획을 수립하고 의사결정에 활용되기 때문에 피드백이 빠르지 않다는 단점이 있습니다.

톡(Talk)!
윤영삼

| 힘든 점 |

공무원이다 보니 급여가 만족스럽지 않을 때가 있어요.

딱히 단점을 얘기하라면 크게 없는데, 굳이 하나 얘기하자면, 공무원의 특성상 월급이 조금 적다는 부분을 얘기할 수 있을 것 같네요.

톡(Talk)!
강석태

| 힘든 점 |

환경공학이 융합학문이라서 타 전공자와의 경쟁이 치열합니다.

경제적인 성장이 더 우선시 되는 우리나라의 특성상 아직 환경보건에 대한 투자 우선순위는 높지 않습니다. 이 때문에 여러 환경문제가 발생한 후 사후 약방문식의 대처를 반복하게 되어 환경연구자에 대한 신뢰가 저하되고 있는 것은 극복해야 할 단점입니다. 아울러 타 학문 분야와 마찬가지로 환경공학은 다양한 학문 분야의 이론과 기술을 이용하는 융합학문의 특성 때문에 타 전공 분야와의 경쟁이 매우 치열해지고 있습니다.

톡(Talk)!
황승만

| 힘든 점 |

공단의 특성상 순환근무를 하는 게 부담으로 다가올 수 있죠.

한국환경공단은 지역본부나 울릉도 등과 같은 도서 지역에 사업소가 있는 공공기관이다 보니 전국단위의 순환근무를 해야 해요. 해당 근무지에서 일정 기간이 지나면 다른 지역으로 순환 배치되기 때문에 워라밸이 마냥 좋은 실정은 아니에요. 신입사원의 경우엔 연고 중심의 우선 배치를 고려하고 있지만, 때로는 원치 않는 지역에서 근무할 수도 있고요. 또한 환경 분야가 다양한 학문을 필요로 하기에 폭넓은 지식을 익히고 지속해서 개인 역량을 키워나가야 하죠.

환경공학기술자 종사현황

◆ 환경공학기술자 직업 전망

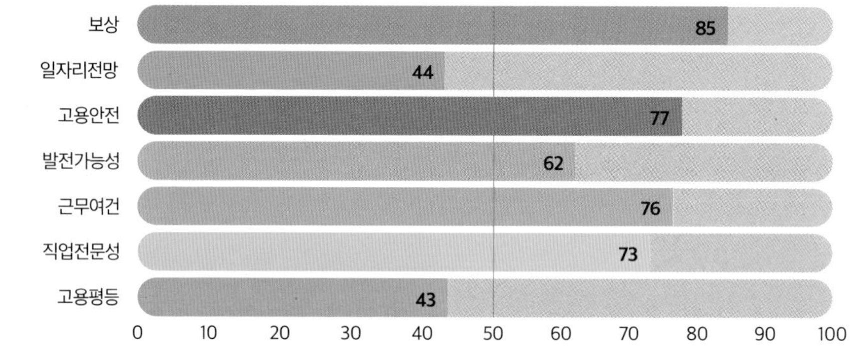

- 환경공학 기술자 및 연구원은 다른 직업과 비교하여 임금과 복리후생이 높은 편이다.
- 정규직 채용 비율이 높고 연구의 연속성이 요구되기 때문에 고용유지 또한 높은 편으로 나타났다.
- 능력에 따른 승진 가능성이 크고 직장이동 가능성이 커 발전 가능성이 큰 편이다.
- 근무시간이 길지 않고 정신적 · 육체적 스트레스가 적어 근무 여건이 좋은 편이다.
- 높은 수준의 전문지식이 필요하며 업무에서의 자율성 및 권한을 비교적 보장받는 편이다. 전문직으로 사회적 평판이 높고 공공에 대한 기여도 및 소명 의식이 높아 전반적인 직업 전문성이 높게 평가된다.

성별

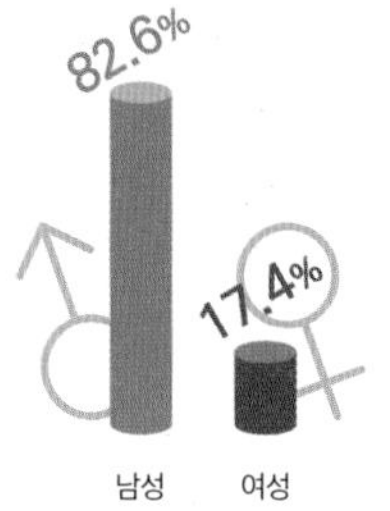

학력

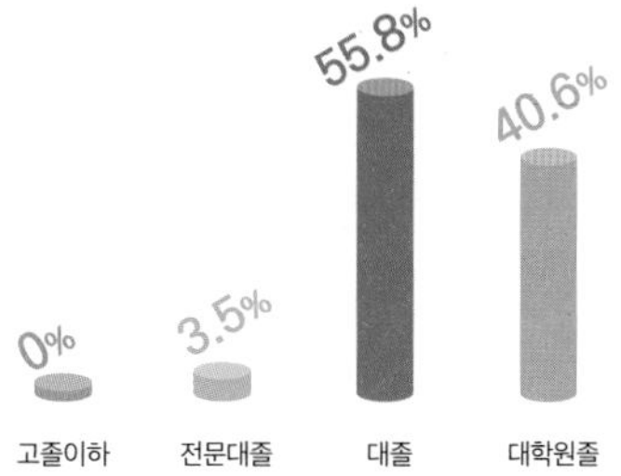

연령

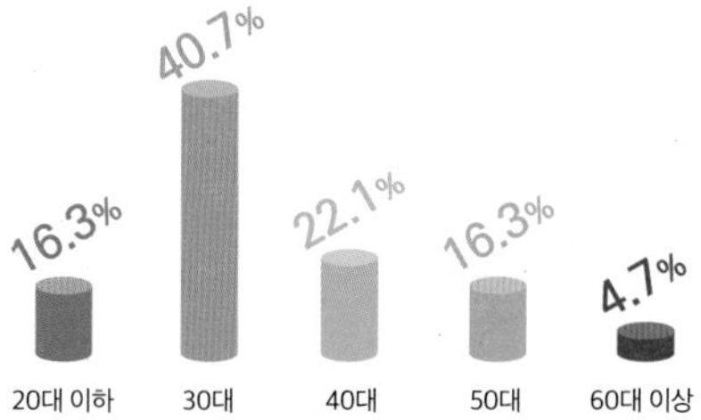

임금

출처: 커리어넷/ 직업백과

CHAPTER

| 2 |

환경공학기술자의

생생
경험담

미리 보는 환경공학기술자들의 커리어패스

김연권 연구팀장

대기환경기사 1급,
글로벌500 한국인회 간사

〉 한양대 환경공학연구소 연구원,
한양대 토목환경공학 박사학위

이혜숙 책임연구원

이화여자대학교 환경공학과 학사

〉 수질환경기사,
이화여자대학교 환경공학사 석사

윤영삼 과장

에너지회수형 폐기물소각시설,
정비매뉴얼 등 기술자료집 20
권 이상 발간

〉 휘발성유기화합물 회수장치 및
회수방법 등 8건 특허 출원·등록

황승만 처장

대구한의대학교 환경보건학
학사 졸업

〉 영남대학원 일반대학원 환경공학
석박사학위 취득

강석태 부교수

KAIST 토목공학 학사
KAIST 환경공학 박사

〉 한국기계연구원 방문연구원,
한밭대학교 강사

이승민 연구위원

서울대학교 대기과학 학사

〉 기상청 관측국 측기관리과 기상
서기보

초당대학교 간호학과 강사,
충남대학교 환경공학과 학부 및 대학원 강사

현) K-water 상하수도연구소
수처리연구팀장

충남대학교 생명과학과 박사

현) K-water 책임연구원

기술자문설계심의분과위원,
환경영향평가 전문검토위원회 위원

현) 국립환경과학원 자원순환연구과 과장

한국표준과학연구원 신진연구원,
한국대기환경학회 평의원

현) 한국환경공단 물환경본부
물환경관리처장

Yale University 박사후연구원,
University of Alberta 조교수/겸임교수

현) KAIST 환경공학 부교수

서울대학교 대기과학 석박사

현) 한국환경연구원 대기환경연구실
연구위원

어릴 때 생물 과목을 가르치셨던 아버지의 영향으로 동물과 가까이 하였으며 미생물 관련 업무에 토대를 마련할 수 있었다. 모범적인 초등 시절을 보냈지만, 고등학교 시절엔 거칠고 다양한 경험을 거치면서 환경공학과에 진학하게 되었다. 환경공학이라는 학문에 큰 매력을 느끼지 못해서 고등학교 시절부터 바라던 직업군인의 생활을 시작하였다. 군 생활이 마무리될 무렵, 연구 분야에서 종사하려는 결심으로 대학원에서 학업을 지속하였다. 대학원의 문을 열면서 '환경공학'에서 '토목공학(석사)'을 걸쳐 '토목환경공학'으로 전공을 바꾸었다. 하수처리 미생물의 호흡률을 연구하여 2003년에 토목환경공학 박사학위를 취득하였으며, 이듬해인 2004년도부터 지금까지 K-water 연구원에서 상하수도 공정개발 연구를 하면서 국제과정 교육과 적정기술 활동에도 참여하고 있다. 현재 K-water 연구원 상하수도연구소에서 수처리연구팀장을 맡고 있다.

K-water 상하수도연구소

김연권 수처리연구팀장

현) K-water 상하수도연구소 수처리연구팀장

- K-water 상하수도 연구소 연구원
- 충남대학교 환경공학과 학부 및 대학원 강사
- 초당대학교 간호학과 강사
- 한양대 토목환경공학 박사학위
- 한양대 환경공학연구소 연구원
- 글로벌500 한국인회 간사
- 대기환경기사 1급

수상

- 한국물환경학회 <기술상> 수상 외 다수

환경공학기술자의 스케줄

김연권
연구팀장의
하루

* 크게 '사무실 업무'와 '현장 업무' 그리고 대외 교육이나 행사 참여와 같은 '외근(출장)'으로 구분됩니다.

[외근 출장 시]
▸ 학술발표나 대외 교육, 기관 간 회의 등에 참석

[사무실 업무 시]
08:30 ~ 13:00
▸ 주요 일정 체크, 결재 처리 등 행정 업무, 업무별 미팅, 과제 관련 행정업무
13:00 ~
▸ 실험 결과와 연구 성과 정리, 팀 관련 업무보고

[현장 업무 시]
▸ 실험 장비가 설치되어 있는 다른 지역에서 실험, 현장 조사가 필요한 곳으로 출장 가서 시료 채취 및 자료 조사

처음엔 어색하고 불편했던 환경공학과

▶ 어린 시절

▶ 어린 시절

▶ 학창 시절

Question 어린 시절에 어떻게 보내셨나요?

서울 마포에서 태어나 조부모님의 사랑을 받으며 유년기 시절을 보냈어요. 70년대 초반에 마포는 행정구역상으로는 서울이었지만, 다른 지역보다 낙후된 곳이었기에 전쟁놀이와 연날리기 등 도시 생활에서 느낄 수 없는 추억을 가질 수 있게 해주었죠. 초등학교에 입학하면서 마포를 떠나 부모님과 함께 살게 되었는데, 그곳이 바로 <응답하라 1988> 드라마에 나오는 동네였습니다. 당시 고등학교 선생님이셨던 아버지는 특별한 유머 감각과 예술적 재능이 많으셨어요. 어머니는 호탕한 여장부 스타일이셨는데 돌이켜 보니 두 분의 모습이 제 안에 많이 남아있네요. 특히 생물 과목을 가르치셨던 아버지의 영향으로 어릴 적부터 동물을 키우는 일을 좋아했죠. 아마도 그러한 경험이 현재 미생물 관련 업무를 하게 된 밑거름이 되지 않았나 싶네요.

Question 남다른 학창 시절을 보내셨다고요?

학창 시절은 White-Black-White, 크게 세 번의 색깔 변화가 있었어요. 초등학교 시절은 얌전하고 공부도 잘해서 언제나 반장을 하는 모범생이었죠. 하지만 고교 시절 늦게 찾아온 사춘기는 제 성향과 삶을 180도 바꾸어 놓았습니다. 성적은 곤두박질쳤고 오직 운동과 헤비메탈, 그리고 조금 터프한 친구들과의 우정을 나누는 재미에 빠져 하루하루를 보냈답니다. 나중에 <친구>라는 영화를 보니 제 학창 시절의 장면을 보는 듯한 착각이 들더군요. 이렇게 바닥을 찍고 나서 입학한 대학에서 '환경공학'을 전공하게 되었죠.

Question

학창 시절을 보내시면서 장래 희망에 도움을 주었던 활동이 있을까요?

학창 시절 부모님께선 제가 '교사'나 '과학자'가 되기를 바라셨어요. 그건 당시 부모님들의 공통적인 '탑-티어' 직업군이기도 했고요. 저 역시 어릴 적부터 남을 가르치는 일을 하고 싶었고, 고교 시절엔 잠시 예체능 분야와 멋진 특수부대의 직업군인을 선망하기도 했었죠. 결국 고교 시절 유도를 했던 경험과 강인한 체력은 군인이 되는 데 도움이 되었답니다. 헤비메탈 밴드를 했던 경험은 이후 직장인 밴드 생활로 이어지는 등 삶의 질을 높여주었고요. 대학 시절에는 '푸른 산하'라는 동아리를 신설해서 폐우유팩을 수거하여 판매한 돈으로 휴지를 구매하여 교내에 비치하는 활동도 했어요. '환경공학인'으로 느껴본 의미 있는 일 중 하나로 기억됩니다.

Question

대학과 전공을 선택하실 때 어려움은 없으셨나요?

대학과 전공을 결정하는 과정에서 교사이신 부모님과 많은 이야기를 나누었어요. 사회적으로 안정적인 지위와 자부심을 느낄 수 있는 진로를 찾기 위해 노력했습니다. 하지만 대학의 문은 나의 성적에 따라 현실적으로 재단해야만 했죠. 아마도 대한민국 고교 내신 1등급을 제외한 대부분 학생이 공감하는 부분일 거예요. 진로를 고민할 당시엔 지금의 모습은 상상할 수조차 없었죠. 어쨌든 가장 현실적인 조건들(취업이 잘되는 공대, 미래에도 존재할 만한 기술, 내가 감당할 수 있는 수준 등)을 나열해 가며 대학과 전공을 물색했어요.

Question '환경공학과'에 입학해서 수업은 재밌었나요?

당시에는 환경공학이 널리 알려지지 않은 학문이었기에 기대 반, 호기심 반으로 대학 생활을 시작하게 됐어요. 하지만 나에게 맞지 않는 불편한 옷을 입은 느낌을 지울 수 없었죠. 새내기로 맞이한 초여름 어느 날, 폭우가 쏟아지는데 학교 버스 정류장 앞에 베레모와 우의를 입고 흔들림 없이 서 있는 ROTC처럼 보이는 선배를 봤어요. 그 모습이 너무 멋있었습니다. 우물쭈물 곁에 다가가서 물어봤어요. "어떻게 하면 형님처럼 될 수 있나요?" 시크하게 앞만 바라보며 그가 강단 있게 말했습니다. "후배님, 과에서 일등만 하십시오". 만화처럼 내 삶에 들어온 그 순간은 공부에 대한 큰 동기부여가 되었습니다. 목표가 정해지자 거짓말처럼 전공이 재미있어지기 시작했고 더 잘하고 싶다는 생각도 들게 되었죠.

직업군인에서 환경 연구원으로

▶ 학창 시절

▶ 친구들과 기타연습

▶ 연구실에서

Question 대학 졸업 후에 직업군인이 되셨다고요?

첫 직장, 첫 월급은 직업군인이 되어 받아 봤어요. 군인은 늘 바라던 직업이었기에 나름 즐거운 군 생활을 했답니다. 군 생활이 마무리될 무렵, 사회진출을 앞두고 여러 기업에 지원서를 내면서 많은 좌절을 겪었어요. 개인적으로 바라던 연구원이나 연구 분야에서 종사한다는 것이 학사 학위만 있던 제 이력으론 어렵다는 사실을 깨닫게 되었죠. 그래서 대학원에서 학업을 계속하기로 마음을 결정하게 됩니다.

Question K-water 연구원에서 근무하시게 된 과정을 알 수 있을까요?

대학원의 문을 열면서 '환경공학'에서 '토목공학(석사)'을 걸쳐 '토목환경공학(박사)'으로 전공을 바꾸었죠. 이렇게 한 이유는 제가 선택한 분야가 환경공학 중에서도 '물 분야'로서 세분화, 전문화되어가는 과정이었기 때문이에요. 대학원을 마칠 때쯤, 국내 물 분야 최고 전문 공기업인 수자원공사(K-water)에서 연구 분야 전문직을 채용한다는 소식을 접했죠. 그래서 지원했고 현재까지 잘 근무하고 있답니다.

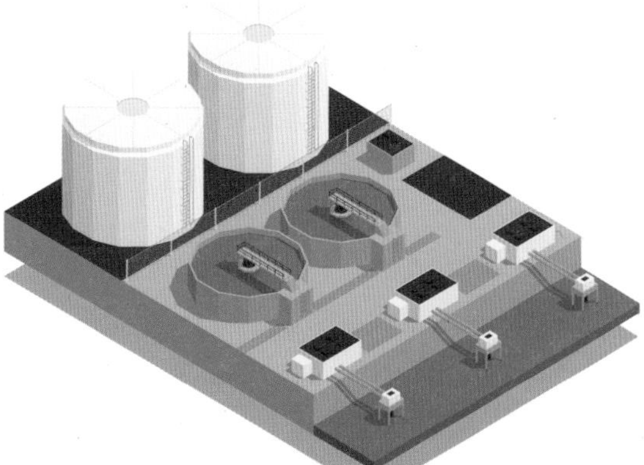

Question K-water의 역사에 관해서 알고 싶습니다.

수자원공사(K-water)는 1967년도에 '한국수자원개발공사'라는 이름으로 만들어졌으며, 1970년대 국가산업기지의 개발과 대규모 댐인 소양강댐과 안동댐 등을 건설함으로써 경제성장의 디딤돌이 되었습니다. 이후 국내 물 관련 인프라를 구축하고 전문화 함으로서 국내 물 관련 기반사업의 수준을 국제적 수준으로 높였으며, 2000년대에 들어서면서 본격적인 글로벌 물 종합 서비스 공기업으로 체질을 변경하여 현재는 세계적으로 높은 물 분야 전문 공기업으로의 위상을 갖게 되었습니다.

Question K-water 연구원으로서 처음 하셨던 일이 기억나시나요?

K-water 연구원에 입사해서 처음 맡았던 업무는 미래형 하수처리공정 개발, 자동제어 및 관리기술 개발 등 다양한 업무가 있었어요. 그중에서도 3년간 국제연합환경계획(UNEP)과 수행했던 '저개발국의 위생관리 가이드라인 수립' 연구가 가장 기억에 남습니다. 이 연구를 통해 전 세계 많은 저개발 국가의 환경오염 문제를 접할 수 있었고, '소외당하는 이웃'에 대한 인식과 '적정기술'이란 새로운 학문과 활동 분야로 발을 들이는 계기가 되었죠.

청소년 시기는 다양하게 시도할 수 있는 공식적 시기다

▶ 환경교육

▶ 현장 업무

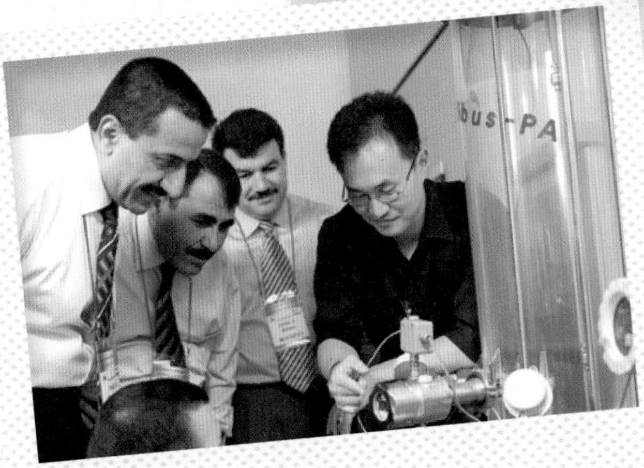

▶ 현장 업무

Question 지금까지 하셨던 프로젝트 중에서 가장 기억에 남는 것은 무엇인가요?

연구원으로 근무하면서 누구보다도 많은 유, 무형의 많은 실적물을 만들어 낸 것 같아요. 그중에서도 개인적으로 가장 의미가 있었던 것은, 제가 지닌 지식과 재능을 통해서 소외된 이웃에게 도움이 될 만한 연구를 진행했던 프로젝트가 있어요. 이 프로젝트는 전 세계 저개발 국가의 소외된 이들의 삶을 바라볼 수 있는 계기가 되었죠. 물을 깨끗하게 만드는 일이, 누군가에겐 오늘의 생명을 하루 더 연장할 수 있게 하는 중요한 일이 될 수 있다는 사실을 일깨웠던 프로젝트였답니다.

Question 앞으로 삶의 비전은 무엇인가요?

현재 연구원이란 직업은 저에게 충분한 만족감과 인생 2막에서의 또 다른 방향과 비전을 보여주고 있는 것 같아요. 큰 조직의 연구원으로서 경험했던 다양한 지식과 체험을 가깝게는 후학들에게, 조금 멀게는 바다 건너 소외된 이웃을 위해 사용하고 싶네요. 어려운 수학 공식이나 원리가 아니라 동기부여가 되는 살아있는 지식과 용기를 전해주고 싶어요.

Question 두 번의 청소년기를 겪으셨다고요?

그렇게 말할 수 있죠. 한번은 제가 직접 경험했던 청소년 시절이고, 또 다른 하나는 자녀들을 통해 경험한 두 번째 청소년 시절이었습니다. 첫 번째 청소년 시절은 경험과 정보가 없어서 가장 익숙하고 선택 가능한 옵션만을 선택했었죠. 그러다 보니 멀리 보지 못해서 한참을 돌아가야 하는 상황을 맞이해야 했답니다. 두 번째 청소년 시절은 조금 더 많이 알게 된 가이드의 입장으로 진로와 인생 설계를 마주할 수 있게 되었죠.

Question

인생의 선배로서 청소년들에게 해주고 싶은 말씀을 부탁드립니다.

사람들은 청소년기를 영어의 Y자처럼 매우 중요한 시기라 말하죠. 사람들은 흔히 '오른쪽을 선택하느냐?, 왼쪽을 선택하느냐?'에 따라 소위 '성공이냐?, 실패냐?'가 결정되는 것처럼 말하곤 합니다. 틀린 말은 아닌 것 같지만, 인생을 살아보니 조금은 다른 시각을 갖게 됩니다. 청소년기는 간절히 원하는 물건을 사려고 백화점 앞에 서 있는 모습에 더 가깝다고 봅니다. 인생이라는 백화점 몇 층에 도대체 내가 원하는 최고의 선물과 행복이 놓여 있을지 모를 일입니다. 어쩌면 이 백화점에는 없을 수도 있겠지요. 정해진 시간 동안 우리는 백화점을 다 돌아볼 수 있어요. 계단을 이용할 것인지, 에스컬레이터를 이용할 것인지, 아니면 엘리베이터를 이용할 것인지, 방법은 다르겠지만 자기가 계획하고 의도한 대로 우리는 다음 층으로 올라갈 수 있답니다. 계단은 힘들고 느리지만 천천히 둘러보며 이동할 수 있다는 장점이 있어요. 에스컬레이터는 엘리베이터보단 느리지만, 계단보다 빠르게 목적을 이룰 수 있죠. 엘리베이터는 백화점의 창밖을 감상할 수 있는 특권을 줍니다. 청소년들의 꿈과 희망은 과연 몇 층에 있을까요? 그건 아무도 모르는 겁니다. 청소년기는 다양한 방법과 경로를 고민할 수 있는 공식적으로 부여된 시기라고 봐요. 영어의 Y자처럼 '공부를 잘하느냐?' '못하느냐?'의 이원론적 관점에서만 바라보지 마세요. 어떠한 방법과 동선으로 자기의 행복이 있을 층을 찾아볼지 고민하는 지혜로운 여러분이 되길 바랍니다.

어린 시절 은행원이셨던 아버지의 잦은 전근으로 학교 친구들과 헤어지는 슬픈 경험을 하곤 했다. 어릴 때부터 수학을 좋아했으며 장래 희망은 하얀 가운을 입는 직업이었다. 부모님은 안정적인 직업을 원하셔서 선생님이나 공무원을 추천해주셨지만, 가르치는 일에 자신이 없어서 거부하였다. 환경공학과에 입학하였고 대학교 졸업논문을 준비하면서 석사과정 선배들의 도움으로 수질모델링을 접하게 되었다. 환경전공을 살려서 취업하려면 석사학위가 있어야 한다는 판단으로 석사과정을 마치고 K-water에 입사하게 된다. 현재 K-water 연구원에서 책임연구원으로 근무하면서 수질모델링으로 수질개선 대책을 예측하고 평가하여 의사결정을 할 수 있도록 자료를 생산해 내는 일을 하고 있다.

K-water 연구원

이혜숙 책임연구원

현) K-water 연구원 책임연구원

- 충남대학교 생명과학과 박사
- 이화여자대학교 환경공학사 석사
- 수질환경기사
- 이화여자대학교 환경공학과 학사

환경공학기술자의 스케줄

이혜숙
책임연구원의
하루

* 출장이 없거나 급하게 끝내야 할 일이 없으면 보통 9시까지 출근하며 퇴근 시간은 18시입니다.

* 현장 조사 출장 일정이 있을 때는 조사 준비를 하고 연구과제 수행을 위한 보고서 검색이나 자료 분석 등을 하게 됩니다.

24:00 ~
▸ 취침

08:30 ~ 09:00
▸ 출근 및 업무 준비
(커피 타임/ 화분 물주기 등)

09:00 ~ 12:00
▸ 오전 업무
(연구과제 수행/ 현업 부서 내부 전문가 자문/ 자료요청에 대한 제출, 문서접수, 결과 보고 등)

12:00 ~ 13:00
▸ 점심 식사

13:00 ~ 18:00
▸ 오후 업무
(연구과제 수행)

18:00 ~
▸ 퇴근

실험복에 대한 환상으로 환경공학에 지원하다

▶ 어린 시절 동생들과

▶ 중학교 시절

▶ 고등학교 시절

Question 부모님은 어떤 분이셨나요?

부모님 두 분 모두 경상도 분으로 성격이 무뚝뚝하시고 저와 동생들도 말이 많지 않아서 집안 분위기가 조용한 편이었죠. 특히 아버지는 과묵한 성격이셨는데, 고등학교 3학년 때 수능을 앞둔 어느 날 버스에서 내리는 저를 기다리신 적이 있었습니다. 제 손을 잡고 힘내라고 하시면서 집으로 같이 들어갔어요. 집으로 가는 짧은 시간이 너무 어색하기도 했지만, 아직도 기억이 생생할 정도로 잊지 못할 기억 중의 하나입니다. 어머니는 지금도 마찬가지지만 좋은 일이든 속상한 일이든 가장 먼저 얘기하게 되는 분입니다. 잔소리가 많은 편이라 생각했는데, 지금 와서 생각해보니 그 정도 잔소리하신 거면 많이 참으신 게 아닌가 싶습니다.

Question 어린 시절을 어떻게 보내셨나요?

3녀 1남 중 장녀로 태어났어요. 둘째와는 1살 터울 여동생이라 싸우기도 많이 했지만, 늘 친구처럼 지냈죠. 셋째 여동생, 막내 남동생과는 나이 차이가 좀 납니다. 그래서 제가 대학교에 입학한 이후론 줄곧 떨어져 지내서 함께했던 기억이 많이 없네요. 아버지는 은행원이셨는데 제가 초등학교(그때는 국민학교) 시절에 전근을 많이 다니셨어요. 3번이나 전학을 다녔답니다. 낯을 가리는 성격 때문에 전학 가서 반 아이들에게 자기소개할 때 많이 긴장했던 거 같아요. 다른 학교로 전학 가면서 친구들과 헤어질 때는 슬퍼서 울었던 기억도 나고요.

Question

어린 시절 특별히 좋아했던 과목이나 흥미를 지닌 분야가 있으셨나요?

어릴 때부터 숫자를 좋아했어요. 학창 시절에는 수학을 좋아하고 잘하는 편이었고요. 심지어 시험 기간 머리 식힐 때 음악을 들으며 수학 공부를 하곤 했으니까요. 이론을 이해하고 그 이론을 이용해 문제를 푸는 과정이 재밌었죠. 노력한 만큼 결과가 나오니 기분도 좋았죠.

Question

중고등학교 시절 학교생활에 말씀해주십시오.

성적은 중학교 때까지는 전교에서 공부를 잘하는 편이었습니다. 고등학교에 가니 공부 잘하는 친구들이 많았고 이과로 가면서 석차가 떨어지긴 했지만, 그래도 잘하는 편이었답니다. 하지만 평소에 잠이 너무 많고 꾸준히 하는 스타일이 아니었어요. 시험 기간에 벼락치기를 하는 습관 때문에 성적이 오르락내리락했었죠. 낯을 많이 가리는 성격이라서 학년 초반엔 친구를 사귀는 게 어색했어요. 하지만 적응되면 말도 많아지고 반 친구들과 친하게 지내는 편이었죠. 학년 초반보다는 후반에 활발해지는 경향이어요. 그래서 중고등학교 시절엔 1학기에는 조용한 학생이었다가 2학기에는 활발한 모습이 되고, 1학년 때는 차분한 학생이었다가 2학년이 되면 반장이나 임원을 하는 학생이었습니다.

Question

학창 시절 본인의 희망 직업과 부모님의 기대 직업은 일치하셨나요?

장래 희망은 막연히 하얀 가운을 입는 것이었습니다. 그래서 막연하게 의사, 간호사를 꿈꾸었고 선생님들도 제가 성격이 차분하다 보니 추천해주셨죠. 부모님은 안정적인 직업을 원하셔서 선생님이나 공무원을 추천해주셨어요. 하지만 누구를 가르치는 게 자신이 없었기에 단칼에 잘랐던 기억이 납니다.

Question

환경공학과를 선택하게 된 특별한 계기가 있었나요?

어릴 때부터 실험복에 대한 환상이 있었어요. 그리고 제가 대학 입학을 할 즈음에는 환경 분야가 미래에 중요해지는 분야로 주목을 많이 받았죠. 그래서 평소 환상을 갖던 실험복과 미래에 유망한 분야라고 해서 결정하게 되었습니다.

Question

대학 생활은 어떠셨나요?

중고등학교를 경상남도 창원이라는 지방에서 살다가 서울로 대학에 가니 마냥 좋아서 대학 생활 초반에는 놀기만 했답니다. 친구 따라 들어간 동아리는 풍물패였죠. 초등학교 때 장구를 배운 경험이 있어서 잠시 들어갔는데, 잘 대해주는 선배들 때문에 정작 같이 온 친구는 탈퇴하고 저만 동아리 활동을 이어갔어요. 학교 축제 때 공연했던 일을 떠올리면, 부끄럼 많은 제가 어떻게 공연에 참여했나 싶어질 정도로 열심히 했던 기억이 납니다.

Question

대학 시절 활동 중에서 특별히 기억에 남는 일이 있으신지요?

대학교 3학년 때 친한 친구와 함께 교외 대학생 대상으로 개최한 대회의 과제를 진행한 적이 있었습니다. 비록 수상을 못 했지만, 친구와 같이 자료를 찾고 보고서를 작성하면서 많이 성장했던 거 같아요. 향후 통일이 되면 비무장지대를 활용하는 내용이었는데, 지금 생각하면 허무맹랑한 내용이죠. 하지만 그때는 가능하리라는 생각으로 자료도 찾고 열심히 보고서를 작성했던 기억이 납니다. 그리고, 교내 아르바이트를 신청하여 학교 행정실에서 1학기 동안 근무했던 경험이 있고요. 짧은 기간이었지만, 엑셀 등 필요한 프로그램들을 익히는 등 작은 사회를 경험했었죠.

수질모델링을 연구로 K-water와 만나다

▶ 가족들과 여행 중에

▶ 대학 시절 스키장에서

▶ 성인이 되고 동생들과(제일 오른쪽)

Question 대학을 졸업하고 왜 계속 공부를 하길 원하셨나요?

4학년 1학기까지는 졸업하고 취업할 계획이었죠. 경영학을 부전공하면 도움이 될 것 같기도 했고, 수학과 통계학 과목을 좋아하다 보니 경영학을 부전공하였습니다. 그런데 대학교 졸업논문을 준비하면서 석사과정 선배들의 도움으로 수질모델링을 접하게 되었어요. 모델링은 자연현상을 수학식과 같이 계산해내는 과정을 말합니다. 학부 과정에서 모델링 수업을 듣기는 했지만, 프로젝트 기반으로 모델링을 직접 해보고 결과를 도출해 보니 흥미가 생겼답니다. 환경전공을 살려서 취업하려면 석사 학위가 있으면 도움이 될 거라는 판단으로 석사과정으로 진학을 결정하게 되었죠. 석사과정을 하면서 함께했던 동기들과 선배들의 도움을 크게 받았죠. 같은 방향을 쳐다보며 함께 고민하고 힘들었지만, 행복했던 기억들이 많이 있답니다.

Question 경영학이 현재의 업무에 도움이 되나요?

경영학 부전공을 했지만, 필요도 없는데 왜 했을까 후회도 했어요. 그런데 그때 배웠던 통계학이나 회계학이 현재 수질모델링 업무뿐만 아니라 회사 내 행정업무 등에 많이 도움이 되고 있습니다.

Question K-water를 선택하시게 된 결정적인 이유가 궁금합니다.

대학원 석사과정에서 환경 분야 수질모델링을 공부하였고, 현재 K-water 연구원에서 채용공고를 낸 부분이 전공 분야와 딱 맞는 곳이었죠. 대학교 4년, 대학원 석사과정 2년을 마치고 졸업을 앞둔 한 달 전인 2004년 1월에 현재 회사에 입사하게 되었습니다. 그 해 한국수자원공사 전문연구원을 많이 뽑던 해였답니다.

Question K-water 연구원이 되기 위해서 어떤 준비과정이 필요할까요?

K-water 연구원은 전문연구원을 채용하는 곳으로 환경 분야 전문연구원은 환경 관련 학위와 연구과제 참여 경력이 있어야 합니다. 최소한 석사 학위 이상의 학력과 관련 분야에 대한 과제 참여실적이 필요해요. 시험과목은 채용 시기와 채용 분야에 따라 달라지기 때문에 평소 환경 분야에 관심을 지속해서 갖고 준비하는 게 중요합니다.

Question K-water 연구원은 주로 어떤 일을 하게 되나요?

K-water 연구원은 제가 하는 수질 환경 관리뿐만 아니라 수자원 관리, 댐 안전, 상하수도관리, 등 물관리를 위한 모든 분야가 다 있어요. 제가 수행하는 업무는 수질관리, 그 중에서 수질모델링으로 수질개선 대책을 예측하고 평가하여 의사결정을 할 수 있도록 자료를 생산해 내는 일입니다.

Question K-water에서 근무 여건은 괜찮은가요?

K-water 직원들은 한 지역에만 근무하지 않고 다양한 곳을 이동하면서 업무를 하죠. K-water 연구원은 대전에서 근무하고 있습니다. 수질관리, 모델링 업무는 가끔 현장 조사가 있긴 하지만, 대부분 컴퓨터와 함께하는 시간이 많아요. 그리고 점점 야근이나 주말 근무가 사라지고 있어서 여가 활동 등 자기 계발 시간이 충분하죠. 혼자인 직원들은 회사 근처에 사택을 제공해주기 때문에 교통체증에 시달리지 않고, 비싼 월세나 전세비가 나가지 않는 점이 장점이에요. 환경부 등 정부와 함께 일하는 때도 많은데, 세종과 가까워 이도 장점이 될 수 있습니다.

Question 환경 연구원이 되고 나서 새롭게 알게 된 점이 있을까요?

수질 변화를 계산하여 예측하고 결과를 도출해내는 과정에서 알게 된 것은, 아는 만큼 표현해낼 수 있다는 것입니다. 똑같은 숫자가 그 의미를 아는 사람에게는 중요한 의사결정을 할 수 있는 데이터가 되기도 하고, 의미를 모르는 사람은 단지 숫자일 뿐이라는 사실을 알게 되었죠.

환경은 화려하진 않아도 미래지향적인 분야

▸ 국제학술대회발표

▸ 사내 경진대회발표

▸ 저수지 현장 조사

Question 연구원으로 일하시면서 중요하게 생각하시는 직업 철학은 무엇인가요?

요즘 <기상청 사람들> 드라마를 보면서 우리가 하는 일과 비슷하다고 생각하게 됩니다. 기상 예측을 통해 대비하고 이를 위한 의사결정을 하는 것처럼, 환경 분야에서 수질 모델링은 수질을 예측하고 계획을 수립하는 데 활용되죠. 그래서 원하는 목적으로 결과를 치우치지 않게 도출하되, 의사결정을 할 수 있는 대안을 제시하는 것에 각별한 사명감을 가지는 게 중요합니다.

Question 스트레스를 해소하기 위해서 취미활동은 어떻게 하시는지요?

초등학교 시절까지 피아노를 쳤습니다. 중학교 이후에는 피아노 칠 일이 거의 없었는데, 성인이 되고 나서 피아노를 다시 시작했죠. 배운다는 것보다는 유명한 곡을 직접 치고 듣기도 하면서 힐링 되는 기분이 많이 들죠. 그리고 여가에 가장 많이 하는 것 중의 하나가 영화 감상입니다. 액션이나 판타지 영화보다는 서정적이면서 생활을 사실적으로 묘사해주는 영화들을 좋아해요. 그런 영화들을 보고 나면 마음이 차분해지고 생각이 정리되는 느낌이죠.

Question

지금까지 했던 프로젝트 중에서 가장 기억에 남는 게 있을까요?

1년 6개월간 육아 휴직을 끝내고 복귀한 후에 맡았던 프로젝트가 가장 기억에 남아요. 댐 유역 수질관리를 위해서 관리지역을 선정하기 위한 프로젝트로서 현장답사, 수질모델링, 계획수립, 전 과정이 이루어진 프로젝트였죠. 그리고 결과를 논문 실적으로 낼 수 있었고, 그 결과에 추가로 연구를 수행하여 박사학위까지 받을 수 있었던 밑거름이 되는 프로젝트였기에 더욱 기억에 남네요.

Question

환경 연구원으로서 목표와 인생의 비전을 듣고 싶습니다.

연구원에서 근무하다 보니 무엇보다 연구성과에 대해 인정을 받는 게 큰 목표라 할 수 있죠. 국제논문을 많이 써서 차곡차곡 실적을 쌓아가고자 합니다. 우선 회사 내에서 유역 수질관리 분야의 전문가 하면 바로 제 이름이 나올 수 있도록 하는 것이겠죠. 점점 커리어를 쌓아서 회사 내뿐만 아니라 학계에서도 유명한 전문가가 되는 것이 저의 목표입니다.

Question 목표를 실천하기 위한 자기 계발 활동에 대해서 알고 싶습니다.

업무가 영어와 직접 관련된 일은 아니지만, 영어 공부를 틈틈이 하고 있답니다. 영어가 필수 능력은 아니지만, 논문을 쓸 때나 국제 학술대회 발표 등 영어 실력이 본인의 능력을 한층 돋보이게 해줄 수 있다는 생각이 들더라고요. 잘하진 못하더라도 꾸준히 하려고 노력하고 있어요.

Question 환경 분야를 꿈꾸는 청소년들에게 해주고 싶은 말씀은?

환경 분야는 외형적으로 빛나는 직업은 아니죠. 하지만 미래지향적인 직업이라고 생각합니다. 성과가 바로 눈앞에서 확인할 수 있도록 나오는 직업은 아니기 때문에 성향에 따라 적성에 맞지 않는 사람들도 있을 거예요. 대학을 졸업하고 석박사 과정을 하는 기간이 길고 힘들 수도 있겠죠. 하지만 쌓인 경력이나 실력만큼 자연현상을 컴퓨터를 통해 결과물로 옮길 수 있는 보람과 매력을 느낄 수 있는 직업입니다. 도전해 보세요.

expanded clay
manufactured by:

부산대학교 화학공학과를 졸업하고 동 대학에서 석사와 박사학위를 취득하였다. 박사과정을 이수할 때 화성기술연구소에서 화학 관련 신기술연구팀 팀장을 맡았고, 그 후에 국립환경과학원 연구직 공채 시험에 응시하여 연구직 공무원이 되었다. 현재는 국립환경과학원의 내의 여러 분야를 거쳐 폐기물 재활용 등과 관련한 연구를 추진하는 과학원 자원순환 분야를 총괄하는 자원순환 연구과장으로 재직하고 있다. 그리고 연구직 공무원은 일반 공무원들과는 달리 각각 해당 환경 분야에 관한 연구사업을 설계하고 진행하기 때문에 연구 과정뿐만 아니라 연구 결과물들을 석박사 학위 과정처럼 학술지에 꾸준히 논문을 게재하고 있다. 그 결과 2012년에는 마르퀴즈 후즈후 등 세계 3대 인명사전에 등재되었다. 환경 분야에서 일하는 동안 환경 분야에 관한 깊이 있는 연구를 위해서는 자연뿐만 아니라 인간과 과학기술이 서로 조화롭게 균형을 이루어야 한다는 것을 느꼈다. 그래서 인문학적 소양을 넓히기 위해 양자역학과 같은 과학 서적과 더불어 우주와 신화 등 다양한 방면의 독서를 즐겼다. 이런 독서 활동은 국립환경과학원 소식지는 물론이고, 일간 신문에 칼럼을 싣게 되는 기회를 얻게 되었다. 앞으로도 인문학적인 관점을 기초로 한 환경적인 연구를 계속해 나가는 연구자를 꿈꾸고 있다.

국립환경과학원 자원순환연구과

윤영삼 과장

현) 국립환경과학원 자원순환연구과 과장
현) 한국환경공단 제11기 기술자문설계심의분과위원
현) 한국폐자원에너지기술협의회 비상임이사

- 휘발성유기화합물 회수장치 및 회수방법 등 8건 특허 출원·등록
- 우수연구자(2017), 마르퀴즈 후즈 후 세계인명사전 등재(2011) 외 다수 수상

환경공학기술자의 스케줄

윤영삼
과장의
하루

* 아침 9시까지 셔틀로 출근을 하고 6시에 퇴근을 하는 것이 원칙입니다. 하지만 연구직 공무원은 민원을 상대하는 일반 공무원들과 달리 해마다 새로운 연구과제를 계획해서 진행하거나 장기로 계획한 기존의 연구과제를 진행하기도 합니다. 그리고 연구과제들에 대한 진행 정도와 성과는 중간평가와 최종평가의 형식으로 매년 이루어지고 있습니다. 따라서 월별 또는 연도별로 계획을 세우기 때문에 일과는 과제의 진행에 따라 달라질 수 있습니다.

06:00 ~ 09:00
▸ 출근 및 해야 할 일 체크

09:00 ~ 12:00
▸ 현안 사항 확인 및 팀 회의

12:00 ~ 13:00
▸ 점심 식사

13:00 ~ 15:00
▸ 민원사항 등 주간 및 월간 일정 등 확인

15:00 ~ 18:30
▸ 팀별 연구사업 진행 확인, 향후 추진 방향 논의 등

18:30 ~ 20:00
▸ 퇴근

20:00 ~ 21:00
▸ 운동(5km 달리기, 마라톤이 취미임)

21:00 ~
▸ 늦은 저녁, 집안일 등

이른 나이에 어머니를 잃은 장남의 무거운 어깨

▶ 남동생이랑 가을소풍(초등학교 5학년)

▶ 설악산 수학여행(고등학교 2학년)

▶ 지리산 정상(대학교 2학년)

Question 어린 시절에 어떤 성향의 아이였나요?

어린 시절은 그리 특별하지 않은 작은 체구의 개구쟁이였습니다. 지금은 사라져서 책에서나 볼 법한 시골 마을에서 어린 시절을 즐겁게 보냈답니다. 공부에 특별한 재능은 없었지만, 구슬치기나 자치기 같은 놀이를 잘하는 잡기에 능한 아이였죠. 하지만 친구들을 잘 사귀고 재미난 놀이를 만들어 내는 재치는 있었던 거 같아요. 사람을 배려할 줄 알고, 상황 판단을 빨리했던 거 같고요. 농사를 거들기 싫어서 공부하는 척하는 꾀돌이기도 했답니다. 환경 분야를 연구하는 지금 과거를 되돌아보면, 자연 속에서 보냈던 어린 시절이 그리울 뿐만 아니라, 지금 하는 일을 더 깊이 이해하는 데 도움이 되는 거 같아요. 환경연구에 대한 접근은 자연과 인간과 과학기술이 함께 고려돼야 하는 통섭의 영역이기 때문이죠.

Question 학창 시절은 무난하게 보내셨나요?

초등학교, 중학교 시절엔 신체적으로도 왜소하고 공부에도 별다른 재능을 나타내지 못했어요. 그래서 학교에서는 좀 조용하고 소극적인 편이었죠. 하지만 고등학교를 진학하면서 인생에 큰 소용돌이를 겪게 되었답니다. 고작 17살이었던 고1 때 어머니께서 오랜 투병 끝에 돌아가셨습니다. 엄청난 슬픔과 함께 6남매의 장남이라는 커다란 짐이 양 어깨에 놓이게 되었죠. 슬픔에 빠져 허우적거리다가 어느새 고2가 되었습니다. 그제야 비로소 한 가정의 장남으로서의 책임감이 슬픔의 무게보다 더 크다는 것을 느꼈어요. 차츰 내 옆에 있는 엄마 잃은 어린 동생들이 보이기 시작했고, 동생들을 지켜주고 이끌어 주는 형과 오빠가 되어야겠다는 다짐을 했답니다. 그 시절 집안은 너무 가난했고, 어머니마저 돌아가신 최악의 상황에서 제가 할 수 있는 유일한 길은 공부밖에 없었죠.

Question 어려운 시간 속에서 공부에 매진하기가 쉽지 않았을 텐데요?

고2 때부터 고3 학력고사를 칠 때까지 약 20개월의 시간을 오로지 공부에만 매달렸습니다. 아침 6시 이전에 전교에서 가장 먼저 등교하는 것은 물론이고, 가장 늦게 하교하며 온전히 학업에만 집중하는 생활을 했었죠. 전교 60등 언저리의 등수를 단번에 5위권 안으로 올렸답니다. 그 시간과 결과물들은 제 삶의 큰 전환점이 되어 주었고, 제가 수학에 남다른 재능을 가지고 있다는 것을 발견하는 계기도 됐죠. 결국 공부하는 내내 목표로 했던 서울대 진학은 실패했지만, 재수할 형편도 되지 않았고 학비 마련도 쉽지 않은 상황이었기에 집에서 가장 가까운 국립대학교인 부산대학교에 진학했습니다. 지금 돌이켜보면 고등학생 시절이 제 인생에서 가장 슬프고 힘들었던 때기도 하였지만, 희망을 품을 수 있어 더없이 아름다운 시간이었다고 할 수 있겠네요. '몰입의 즐거움'을 경험하게 되었고, 노력으로 일군 열매의 달콤함을 맛볼 수 있었던 행복한 시절이었죠. 그뿐만 아니라 그리 길지 않은 20개월의 시간이 지금도 제 삶을 지탱해주는 좋은 밑거름의 역할을 톡톡히 하고 있답니다.

Question 장래 희망은 무엇이었나요?

시골에서 자라서 특별한 장래 희망을 꿈꾸지는 않았지만, 초등학교 시절 친구들과 야구를 자주 하면서 야구선수가 되면 어떨까 생각해 보기도 했어요. 부모님은 힘들게 농사를 지으셨기 때문에 제가 공부해서 당신들보다 편안하고 안정된 직업을 가지길 원하셨죠. 그래서 제가 공부한다고 책을 펼치면 아무리 바쁜 농사철이라도 일을 시키지 않으셨어요. 지금 생각해 보면 특별한 장래 희망이 없다는 것은, 어떤 일이든지 할 수 있고 모든 직업을 향한 다양한 가능성이 열려있던 상태라는 생각이 드네요.

Question 청소년들이 국립환경과학원에서 일하려면 어떠한 준비가 필요할까요?

국립환경과학원은 국내 유일의 종합환경 연구 기관이에요. 입사하기 위한 전공은 인문학이나 순수과학 쪽이 아니면 생물, 화학, 기계, 보건, 화공, 환경 등 대부분의 전공이 해당하죠. 또한 국립환경과학원은 국가직 공무원이지만, 일반직과 같은 형식의 시험을 통해 입사하는 게 아니랍니다. 국립환경과학원은 특별채용 형식으로 채용이 이루어져요. 입사 조건은 일단 석사학위 이상만 응시할 수 있고요. 따라서 중고생이라면 이공계열로 진학해야 하고, 이공계 대학 졸업 후에 대학원 진학을 통해 반드시 석사학위를 취득하여야 응시할 수 있죠. 물론 영어, 한국사 등 자격을 취득하시면 가점을 받을 수 있으므로 평소에 영어나 한국사 등에 대한 자격도 함께 갖추면 좋겠네요. 영어나 한국사는 국립환경과학원뿐만 아니라 대부분의 입사 시험에 유리하게 작용하니까 미리 준비하시면 도움이 될 거예요.

국립환경과학원에서 폐기물 재활용 연구에 매진하다

▶ 독도아카데미

▶ 직장동료들과 국제학회 참석 중

▶ 사무실 책상에서

Question 처음에 부산대학교 화학공학과에 진학하셨는데, 대학 생활은 재밌었나요?

솔직히 목표로 했던 대학이 아니어서 처음엔 많이 방황했던 거 같아요. 방황의 결과 1학년을 마치고 1년간 휴학하면서 고무장갑 제조회사, 주간 11시간 야근 13시간 하는 금형 회사, 레코드판 녹음과 비디오테이프를 배달하는 가게 등에서 아르바이트했죠. 친구들과 여행도 다니고 술도 많이 마시면서 젊은 날의 일탈 아닌 일탈을 경험했답니다. 이 무렵 사랑과 삶에 관하여 고민하면서 시를 쓰기 시작했고요. 1년간의 휴학 기간을 보내고 2학년에 복학하여 자연스럽게 글을 쓰는 동아리에 가입했어요. 동아리 활동은 처음에는 열심히 했지만, 동아리 회원 중 공대생은 저 혼자였기에 적응하기 힘든 면도 있었죠. 대부분의 동아리 회원들은 전문적으로 글을 쓰고 싶어 하거나, 일부 선배님은 이미 대회에 입상하여 작가가 되어있었고요. 나머지 회원들은 전공과 관련되어있어 글을 쓰는 수준이 꽤 높았어요. 동아리 모임 때마다 준비한 글을 읽고, 서로 글에 관한 토론과 비평을 합니다. 끝나면 술집을 향하는 것이 정례화되어 있었죠.

Question 진로 선택의 기준이나 영향을 받은 여건이 있었나요?

제가 대학에 진학할 당시에는 학과에 관한 정보가 많지 않았고, 수학이나 과학을 잘하는 남자들은 대부분 공대를 진학했던 시절이었어요. 게다가 화학공학과는 취업에도 아주 유리한 학과였기에 선택하게 되었죠. 박사과정 중에는 화학 관련 대기업 연구실에서 과장으로 재직하기도 했고요. 하지만 시간이 흐르면서 사회적으로 환경에 관한 인식이 조금씩 높아져 갔죠. 환경공학과 출신뿐만 아니라 토목공학과나 화학공학과 출신 기술자들이 점점 환경 분야를 많이 담당하게 됐어요. 그래서 관련 학과 석사 이상의 학위를 취득한 사람에게 응시 자격을 주는 국립환경과학원에 지원할 수 있었죠. 전공과 영어시험에 합격하여 대기업과는 근무환경이 다른 연구직 공무원이 됐답니다. 정년이 보장되고, 삶에서 어느 정도의 워라밸을 이룰 수 있는 직업이라는 점에서 잘 선택한 것 같아요.

Question

박사과정 중에 화학 관련 기업에 입사하셨는데 거기서 어떠한 일을 하셨나요?

박사과정 중에 ㈜대우 화성기술연구소에 신기술연구 팀장으로 특채되었습니다. 나이키, 아디다스 등의 신발에 주로 사용되는 폴리우레탄(인조가죽) 제조 관련 연구를 수행했죠. 고분자물질(점도가 높아 흐름성이 없음)을 가죽 제품으로 가공하기 위해서는 점도를 낮춰 흐름성을 가지도록 해야 해요. 이를 위해서 인체나 환경에 해로운 유기용제에 고분자를 녹여 흐름성을 부여하여 가공하게 되죠. 저는 인체나 환경에 해롭지 않은 수성폴리우레탄을 개발하여 인체는 물론 환경에 피해가 가지 않도록 하는 연구를 수행했답니다. 일주일에 한 번씩 연구소장님과 한 주간의 실적과 다음 주 계획에 대하여 회의하는데, 모든 실적을 돈으로 환산하여 보고했던 기억이 지금도 생생하게 남아 있네요.

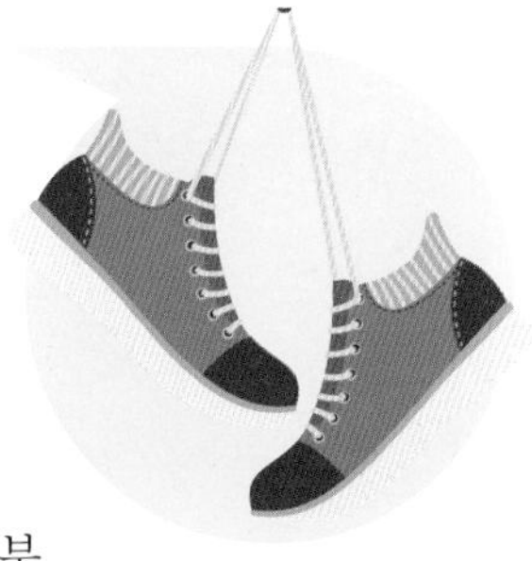

Question

현재 국립환경과학원에서 하시는 일에 관해서 자세한 설명 부탁드립니다.

국립환경과학원은 1978년 '국립환경연구소'로 출범한 이래 국내 유일의 종합환경연구기관이 되었습니다. 국민의 행복한 환경복지를 구현하기 위해 보건, 기후·대기, 물, 자원·에너지, 생활환경 등 다양한 환경연구를 수행하고 있죠. 명실상부한 국가환경연구의 중추 기관으로서 정책 수립을 지원하고 환경 현안을 효율적으로 해결할 수 있도록 관련 연구를 선제적으로 추진하고 있답니다. 그리고 제가 근무하고 있는 환경자원연구부의 자원순환연구과에서는 폐자원의 안전한 순환이용을 위해 재활용 환경성 평가 승인에 필요한 연구를 하고 있죠. 사업장 폐기물의 배출공정과 유해 특성 파악을 통해 유해성 정보를 확보하여 제공하기도 하고, 재활용 확대와 폐기물의 안전처리체계를 구축하고,

폐플라스틱 재활용 관리와 평가 방법을 위한 연구를 진행하기도 합니다. 또한, 폐기물의 친환경적 관리체계 확립을 목표로 의료폐기물, 미세플라스틱 폐기물 등 폐기물의 안전처리, 재활용 유형별 표준화된 조사, 평가기법 마련을 위한 연구도 하고 있죠. 구체적으로 나열하자면, 순환자원의 이용 확대와 환경부하 분석·평가에 관한 연구, 폐기물의 발생 특성과 성상에 관한 연구, 폐기물의 분류 등 관리체계에 관한 연구, 폐기물공정시험기준에 관한 연구, 폐기물의 수집, 운반, 보관, 처리 기준에 관한 연구, 폐기물의 국가 간 이동에 관한 연구, 재활용환경성평가 관련 기관 지정과 승인 업무 등을 추진하고 있습니다.

Question 지금까지 했던 프로젝트 중에서 가장 기억에 남는 것은 무엇인가요?

2021년 제가 담당했던 업무 중에 재활용환경성평가*를 통하여 OO전자 반도체 제조 공정에서 발생하는 폐수처리 슬러지를 제철 과정 부원료로 사용할 수 있도록 재활용환경성평가를 통해 승인한 적이 있어요. 제철 과정 중 하나인 제강 공정에서는 쇳물의 불순물인 황이나 인을 제거할 때 형석을 넣어야 하는데, 반도체 폐수 슬러지에 포함된 플루오린화칼슘(CaF2 60~80%)의 함유량이 형석과 유사한 점에 착안했었죠. 이러한 결과를 OO전자에서 ESG*와 연계하여 국내 유력일간지에 보도했던 일이 가장 뿌듯하고 기억에 남네요.

* 재활용환경성평가 : 재활용되기 이전에 해당 재활용 방법의 환경과 건강에 미치는 영향, 기술의 적합성 등을 예측·평가한 후 안전한 경우 이를 승인하는 제도

* Environment, Social, Governance의 머리글자를 딴 단어로 기업 활동에 친환경, 사회적 책임 경영, 지배구조 개선 등 투명 경영을 고려해야 지속 가능한 발전을 할 수 있다는 철학을 담고 있다.

모든 인간관계를 소중히 여기라

▶ 사랑하는 가족들과 함께

▶ 워크숍 발표

▶ 국제 다이옥신 학회에서

Question 환경공학기술자로서 특별한 가치관이나 철학이 있으신지요?

우주적 관점에서 볼 때, 오늘날 모든 지구인은 지구라는 한정된 공간에서 살아가므로 공통된 문제의식을 지니고 있어요. 그건 바로 지구에 있는 한정된 자원들을 어떻게 효율적으로 사용할 것인가 하는 문제죠. 각 나라뿐만 아니라 크고 작은 기업들이 ESG(Environment, Social, Governance) 관점에서 사회적, 윤리적 가치를 반영하는 기업에 투자하고 있답니다. 따라서 지금 제가 담당하고 있는 '자원순환연구과'는 지구환경문제와 자원의 재활용 문제를 동시에 고려하는 미래 산업 분야와 직접적인 연관을 맺고 있죠. 앞으로 국립환경과학원의 '자원순환연구과' 과장으로서 민간회사들의 자원순환 계획 등에 대한 바른 안내자 역할을 하고 싶어요. 동시에 보다 효율적인 재활용 방안 마련 등에 관한 연구를 꾸준히 추진해서 하나뿐인 지구를 지키는 데 작은 힘이라도 보태려고 합니다.

Question 취미로 마라톤을 하신다고 들었습니다.

네. 스트레스 해소할 때 마라톤만 한 게 없죠. 20년 이상 꾸준히 마라톤을 하고 있어요. 매일 퇴근하면 특별한 일이 없는 한 바로 운동복으로 갈아입고 5~10km를 달립니다. 하지만 이제는 조금 나이가 들어서 풀코스는 몸에 무리가 돼요. 그래서 대회도 10km만 출전해요. 10km의 기록 목표는 내 나이를 목표로 하고 있어요. '내 나이를 목표로 한다'라고 하면 이해가 어려울 테죠. 예를 들면 제 나이 60세가 되면 10km를 60분 이내에 달리는 것을 목표로 하고, 70세가 되면 10km를 70분 이내에 뛰는 게 목표라는 의미입니다. 현재는 10km를 55분 이내에 뛰는 게 목표랍니다.

Question 앞으로의 삶의 비전이나 계획을 나눌 수 있을까요?

앞으로의 계획을 거창하게 품고 있진 않아요. 다만 우주와 신화를 사랑하기에 이에 대해 좀 더 깊이 공부해보고 싶어요. 우주를 깊이 공부하기 위해서는 양자역학에 대한 이해가 필수적인데 양자역학에 관한 공부도 깊이 해보고 싶고요. 참고로 국립환경과학원 도서관에서 보유 중인 양자역학과 관련된 책들은 모두 제가 신청하여 구매한 겁니다. 아울러 신화에 관해서도 깊이 공부하고, 신화가 살아있는 현장으로도 여행을 많이 하려고 계획하고 있죠.

Question

인생의 선배로서 진로를 고민하는 청소년들에게 해주고 싶은 말씀은?

제가 국립환경과학원에 지원서를 제출했던 1997년의 에피소드를 얘기해야겠네요. 요즘 청소년들은 믿기 힘들겠지만, 그 시절엔 냉장고를 닮은 큰 핸드폰이 막 나왔던 시절이었고 KTX도 없던 시절이었어요. 저는 부산에 살고 있었고, 국립환경과학원은 서울 불광동에 자리 잡고 있었죠. 그해 우연히 국립환경과학원의 모집공고를 신문의 아주 작은 모퉁이에서 봤지만 응시할 길이 막막했었어요. 왜냐하면 직접 서울에 가서 지원서를 받아와야 했고, 또다시 지원서를 제출하러 서울에 가야 했거든요. 하지만 그 당시 저는 박사과정 중에 있으면서 대기업의 연구실 과장이란 직책도 맡고 있었고, 석사과정에 있는 후배들도 이끌어야 했기에 그럴 여유가 없었답니다. 그런데 마침 대학원 석사과정에 있는 후배가 있었는데, 가끔 소리 없이 사라지는 등 저에겐 골칫거리였었죠. 그런데 알고 보니 서울에 있는 아가씨와 연애 중이었더라고요. 야단맞을 일만 하던 그 후배 덕분에 원서를 무사히 접수할 수 있게 되었고, 오히려 저에게 더없이 고마운 사람이 됐죠. 이런 이야기를 하는 이유는, 청소년 여러분들이 만나게 될 많은 사람과 관계를 소중히 하길 바라는 마음에서입니다. 지금은 모르지만, 앞으로 어떻게 서로 도움을 주고받을지 아무도 모르는 게 인간관계거든요. 그리고 쉽게 포기하지 말라고 말해주고 싶네요. 아무것도 안 하면 아무 일도 일어나지 않아요. 뭐든지 일단 시작하고 나가면서 생각하는 게 좋다고 생각해요. 게임에서 전투력을 키우기 위해서 캐릭터들에게 아이템을 무장시키듯이, 이제 스스로 행동하면서 자신만의 경험치를 높여보시길 권합니다.

생업으로 바쁘신 부모님을 대신해 어린 시절부터 모든 일을 스스로 결정해야만 했다. 홀로서기가 주는 장점도 있지만, 넓은 세상을 보기엔 주저함이 있었다. 조금은 힘들었던 고교 시절을 보내고 대학에서 환경보건학을 전공하고 대학원에서 대기공학을 전공하면서 석·박사과정을 마쳤다. 첨단산업의 글로벌 허브인 대덕밸리에 있는 한국표준과학연구원에 신진연구원으로 입사하여 유기물질 측정분석, 표준가스(standard gas) 생산 등 다양한 업무를 담당하였다. 이후 한국환경공단으로 이직해서 기후대기, 수질환경, 폐기물관리, 화학물질관리 등 다양한 업무를 경험하였으며, 지금까지 기후대기 사내 교수로서의 활동도 지속하고 있다. 2005년도에는 「대기오염 실시간 공개시스템(에어코리아, www.airkorea.or.kr)」 개발에 참여하여 국민이 대기오염도를 쉽게 이해할 수 있도록 지수화하여 지역별 주요 대기오염물질농도와 미세먼지 예·경보 상황까지 신속하게 제공하고 있다. 2016년엔 『'꿈꾸는 대로' 청춘 멘토링』이란 환경분야 취업 준비생을 위한 특화된 교육프로그램 개발로 환경부장관으로부터 환경교육프로그램을 인증받았으며, 2017년엔 세계신지식인협회로부터 환경오염 문제해결 및 환경교육프로그램 개발에 이바지한 공로를 인정받아 공무원 분야 신지식인으로 선정되기도 했다. 현재 환경 분야 기술평가, 심사, 교육 등에 전문성을 인정받아 정부와 공공기관, 학회, 지자체 등에서 다양한 위원회 활동에도 참여하고 있다.

한국환경공단 물환경본부
황승만 물환경관리처장

현) 한국환경공단 물환경본부 물환경관리처장
현) 세계신지식인협회 세계신지식인
현) 국립환경과학원 정도관리평가위원
현) 국립환경인재개발원 환경측정분석사 검정위원회 위원
현) 한국대기환경학회 평의원

- 한국표준과학연구원 신진연 구원
- 영남대학원 일반대학원 환경공학 박사학위 취득
- 영남대학원 일반대학원 환경공학 석사학위 취득
- 대구한의대학교 환경보건학 학사 졸업

환경공학기술자의 스케줄

황승만
처장의
하루

05:00 ~ 06:30
▸ 기상 및 출근 준비
07:00 ~ 09:00
▸ 출근, 해야 할 일 체크

09:00 ~ 12:00
▸ 프로젝트별 팀미팅, 문제해결을 위한 현안 사항 토론 등

12:00 ~ 13:00
▸ 점심 식사

13:00 ~ 18:00
▸ 직원과 소통하기, 프로젝트별 미팅, 민원상담 등

18:00 ~ 19:30
▸ 저녁 식사
19:30 ~ 21:00
▸ 청소, 뉴스 챙겨보기 등 개인 휴식

21:00 ~ 24:00
▸ 영어 공부, 독서, 내일 해야 할 일 점검 등

청춘은 길어도 아프지 않다

▶ 중학교 수학여행

▶ 초등학교 졸업식 날

▶ 동생과 함께

Question 어린 시절 어떤 환경에서 어떻게 보내셨는지요?

물이 맑고 볕이 잘 드는 경북 하양(河陽)에 있는 110년의 유구한 역사를 지닌 초등학교에 다녔습니다. 초등 시절 때는 활발하고 사교적이었어요. 생업을 위해 항상 집을 비우셨던 부모님을 대신해 동생과 지내면서 여러 마리의 가축도 길렀답니다. 볏짚으로 새로 이은 초가지붕 아래서 놀던 그 시절이 지금은 아름다운 추억으로 다가옵니다. 자식에게 좀 더 나은 환경을 만들어 주시려 평생 애쓰신 부모님을 생각하면 눈시울이 뜨거워지곤 하죠.

Question 어린 시절 좋아했던 분야나 학업에 관하여 말씀해주세요.

국어와 수학을 많이 좋아했어요. 장남이라 부모님의 기대가 남달랐죠. 배움이 많지 않았던 부모님의 교육열에 초등학교 6년 동안 우등상을 놓친 적이 없었던 걸로 기억합니다. 어렸지만 책임감이 강해서 목표했던 일들은 꼭 성취하려 노력했던 것 같네요.

Question 중고등학교 시절에 어려움과 아픔이 있다고 들었습니다.

네. 중고등학교 시절은 대부분 아픈 기억으로 남아 있어요. 어머니의 여러 번에 걸친 큰 수술로 인해 암울했던 시기이기도 하고요. 너무 힘든 시기라 또래 친구들과 공도 차고, 함께 종교활동도 하면서 힘든 시기를 이겨냈죠. 물론 쉽지 않았어요. 그래도 작은 시골 마을에서 열심히 공부해서 대구에 있는 고등학교로 진학한 게 그나마 아프신 어머니에겐 작은 위안이 되셨을 거예요. 요즘도 어머니는 그 당시를 회상하면서 당신으로 인해 힘든 시기를 보낸 자식들에게 늘 미안함을 전하곤 합니다.

Question **학창 시절에 남다른 취미나 재능도 있었을 텐데요**

어린 시절부터 글쓰기를 좋아해서 독서도 많이 했어요. 일정한 형식을 따르지 않고 소소한 일상의 느낌과 체험을 생각나는 대로 쓰기를 좋아했죠. 지금도 여전히 손글씨 쓰기를 좋아해서 틈나는 대로 좋은 글귀를 써서 직원들에게 감사의 마음을 담아 전하기도 해요. 무척 즐겁고 뿌듯한 느낌이랍니다.

Question **어린 시절부터 줄곧 환경 관련 직업을 원하셨나요?**

초등학교, 중학교, 고등학교를 거치면서 꿈도 계속 바뀌었던 것으로 기억합니다. 당시엔 지방에서 성적이 우수하면 '연합고사'라는 일종의 자격시험을 치르고, 대구에 있는 인문계열 고등학교로 유학할 수 있었어요. 부모님은 법률가가 되길 원하셨지만, 고등학교 3학년 담임선생님의 권유로 현재 직업인 환경공학자의 길로 들어서게 되었죠.

Question **환경에 관한 진로를 선택하시게 된 특별한 이유가 있었나요?**

고교 은사님의 권유도 있었지만, 그 당시 저는 환경에 대한 비전, 환경오염에 따른 건강 문제와 사회현상 등에 관심이 많았어요. 어머니의 건강 때문에 대구를 벗어날 수 없는 상황이어서 대구 인근의 영남대학교에서 박사학위 취득까지의 모든 과정을 마쳤죠. 환경보건, 대기질관리, 폐기물관리 등을 전공하면서 지금의 한국환경공단에서도 다양한 업무를 수행할 수 있었습니다.

Question 대학 생활은 재미있고 충실하게 보내셨나요?

대학 시절을 떠올리면 무수한 추억들이 주마등처럼 흘러갑니다. 열심히 공부하고, 열심히 놀고, 청춘다운 시기를 보냈던 거 같아요. 장학금도 타고, 운동을 좋아해서 과별 체육대회를 하면 대학 후배들이 몰려와 응원도 해주었죠. 가슴 벅찬 일들이 많았어요. 환경공학자라는 꿈을 위해 집중했던 시기이기도 했고요. 아마도 그래서 '청춘은 길어도 아프지 않다'라고 했나 봐요.

Question 환경과 관련하여 박사학위까지 깊게 공부하신 이유가 궁금합니다.

우리나라는 1977년에 「환경보전법」을 제정·공포하면서 환경문제에 대해 본격적으로 대처한 것으로 알려져 있습니다. 이러한 시대적 흐름에 따라 80년대 중반부터 환경관련 학과가 하나둘씩 생겨났었죠. 대학에서 동아리 활동을 하면서 세계적인 주요 대기오염 사고 사례를 접할 수 있었죠. 좀 더 전문적이고 체계적으로 대기 공부를 하다 보니 대학원 석·박사 과정까지 마치게 되었네요.

한국표준과학연구원에서 한국환경공단으로 옮기다

▶ 대학 시절 덕유산에서

▶ 식기 세척 봉사활동

▶ 박사학위 받는 날

Question

환경의 길을 걸어오시면서 가장 크게 영향을 주신 멘토가 있을까요?

대기 공학자로 저를 이끌어주신 멘토는 '한국표준과학연구원'에서 만난 허귀석 박사님입니다. 이른 새벽부터 늦은 밤까지 늘 연구에 매진하는 모습을 보면서 같은 길을 가야 하는 저의 미래도 함께 구상해 보았죠. 힘겹고 고된 길이 될 수 있겠지만, 어차피 가야 할 길이라면 당당히 맞서겠다는 결의를 다지게 해주신 분이에요. 지금은 은퇴하셨지만, 여전히 기초과학에 관심을 두시고 연구 활동에 매진하시는 걸로 알고 있습니다.

Question

한국환경공단과 인연을 맺게 되신 계기가 궁금합니다.

어렵사리 박사학위를 마치고 한국표준과학연구원에 입사한 탓에 한국환경공단으로의 이직은 쉽지 않은 결정이었어요. 공단으로의 이직은 과학원에서 발주한 연구용역 과제의 책임자로 참여하면서 인연이 되었죠. 공단의 일원으로서 지표면 오존을 생성하는 휘발성유기화합물을 측정·분석하는 광화학오염물질측정망에서 생산된 측정자료의 정도관리(QA/QC) 업무를 수행하면서 첫 임무가 시작되었죠. 당시를 회상하면, 한국표준과학연구원도 꽤 좋은 직장이었지만 결국 나를 절실히 필요로 하는 공단에 가서 열심히 일해보는 것도 상당히 매력적인 일이라고 생각했던 거 같아요.

Question

환경공학기술자로서 일할 때 가장 중요한 자세가 무엇일까요?

환경대기 분야의 업무 특성상 실제 측정한 실측자료를 이용하여 현상을 파악하고 원인을 규명해야 하기에 신뢰할 수 있는 정확한 측정자료의 생산이 무엇보다 중요하죠. 실제 측정된 데이터는 거짓말을 하지 않아요. 따라서 공학자는 데이터로 말합니다. 이를 기반으로 모델링을 하고 시뮬레이션을 통해 대기오염 현상을 검증하고 실제로 반영하죠. 단연코 환경공학자는 실측자료를 통해 현상을 과학적으로 증명하는 것을 철학으로 지닐 수밖에 없어요. '자료는 거짓말하지 않는다', '오류는 인간에게 있다'가 정답입니다.

Question

한국환경공단에 관한 구체적인 소개 부탁드립니다.

한국환경공단은 정부의 통합 결정에 따라 한국자원재생공사와 환경관리공단 양 기관이 통합하면서 2010년 1월에 설립되었죠. 한국환경공단의 설립목적은 환경오염방지·환경개선·자원순환 촉진 및 기후변화대응을 위한 온실가스 관련 사업을 효율적으로 추진함으로써 환경친화적 국가발전에 이바지하는 겁니다. 설립 이후에 기후, 대기, 물, 자원순환, 화학물질의 안전 등 다양한 분야에서 국민의 생명과 건강을 보호하는 데 주력해 왔어요. 좀 더 구체적으로 설명하자면, 기후변화 대응 및 온실가스배출 저감, 환경측정망 및 관제센터 구축·운영, 자원순환 정책지원 및 폐기물감축·순환이용, 화학물질 및 안전한 생활환경조성, 환경기초시설 설치·운영, 수생태 복원 및 토양·지하수 환경조사·평가·정화 등의 일을 하고 있어요. 한국환경공단은 '기후 위기'라는 초유의 상황에서 탄소중립 사회로의 전환을 목표로 최선을 다하고 있답니다.

Question 환경에 관한 업무를 하시면서 새롭게 느끼시는 점이 있나요?

경제성장이 어느 정도 이루어지면서 환경과 사회적 문제에 관한 관심이 사회 전반에 확산하게 되었죠. 기업의 사회적 책임에 대한 요구가 급격히 증가했고, '지속가능경영'이라는 새로운 패러다임이 등장합니다. 지속가능경영이란 기업이 경제적 신뢰성, 환경적 건전성, 사회적 책임성을 바탕으로 지속가능한 발전을 추구하는 경영활동이에요. 요즘은 환경·사회·투명경영(ESG)과 함께 기업의 윤리경영, 사회적 책임을 다하는 비재무적 요소까지도 국민으로부터 평가받는 시대가 되었죠. 결국 우리 사회와 지구의 미래가 '환경'에 달려 있다는 절박한 상황에 놓이게 된 거죠.

Question 취준생들을 위한 환경교육프로그램을 기획하셨다고요?

'환경공학'이란 과목으로 전공학과를 개설한 역사를 보면 40년 남짓 되었네요. '경제성장'과 '환경오염'의 상호모순적 상황에서 1980년 중반부터 환경문제에 관심을 기울였고요. 이러한 관심은 다양한 환경교육 인프라 구축을 통해서 양적·질적 성장은 이루었지만, 다양한 계층을 아우르는 환경교육의 질적 성장은 여전히 미흡한 실정이었죠. 그래서 저는 이러한 부분에 착안하여 한국환경공단에 이미 구축된 환경매체 별 다양한 환경 인프라를 활용하여 환경관련학과 취준생들에게 실질적인 도움을 주려고 현장 체험형 환경교육프로그램을 기획했습니다. 단발성 위주의 교육 차원을 넘어 취준생들이 전문지식을 습득하고 직무능력을 강화할 수 있는 체계적이고 지속적인 환경 프로그램을 만들려고 했어요.

Question 환경교육프로그램은 원하시는 대로 개발하게 되었나요?

과거 스펙 위주의 채용에서 국가직무능력(NCS) 중심의 채용 패러다임의 변화에 발맞춰 새로운 유형의 교육프로그램을 개발하자는 취지였죠. 환경부 주관으로 운영되고 있는 환경교육프로그램 인증을 획득하려고 계획을 수립하고 환경교육프로그램에 대한 컨설팅과 인증심사를 거쳤어요. 결국 환경분야 전문교육과 현장체험형 기술교육 등을 포함한 환경전문가 양성을 위한 우수한 환경교육프로그램을 개발하게 되었답니다. 수질, 대기, 폐기물 등 다양한 환경매체에 대한 전문적인 교육을 했고, 하·폐수처리시설, 취·정수장, 국가수질자동측정망, 국가대기오염측정망, 폐기물 재활용사업장 등의 현장 견학과 다양한 업무 체험을 통해 전문지식을 익히도록 했죠. 마침내 환경분야 취업 준비생을 위한 특화된 교육프로그램 개발로 환경부장관으로부터 <꿈꾸는 대로 청춘 멘토링>이란 이름으로 환경교육프로그램 인증을 받았답니다. 2016년을 시작으로 3년마다 재심사와 갱신작업을 거쳐 지금까지 운영해오고 있어요. 공단 최초라는 타이틀과 함께 취준생들에게 실질적인 환경교육프로그램을 제공할 수 있어서 개인적으로 매우 소중하고 의미 있는 프로젝트로 남아 있습니다.

앞으로의 계획은 환경운동실천가

▶ 낙동강 녹조현상 브리핑

▶ 광화학정도 관리실에서

▶ 세계 신지식인 수상

Question 축구를 많이 좋아하시는데 계속 취미로 하고 계시나요?

지금은 어느덧 중년이 되었지만, 어릴 적부터 축구를 많이 좋아했어요. 공단에 입사한 후에는 매년 개최하는 환경부장관배 축구대회에 나가서 두 번의 MVP와 한 번의 득점왕을 했던 기억도 생생하고요. 2020년부터는 아내와 공동의 취미를 갖기로 약속하고, 매주 토요일이면 어김없이 민화 공방에서 아내와 함께 열심히 민화를 그리고 있답니다. 한번 집중하면 끝을 보는 성격 탓에 민화를 시작한 지 1년만인 작년 9월에 '추천작가'라는 타이틀도 얻었죠.

Question 환경에 관한 잘못된 통념은 무엇일까요?

학창 시절 '대기오염현상론'을 공부하던 시절엔 주위 친구들로부터 '뜬구름 잡는 학문'이라는 비아냥거림에 속이 많이 상했던 기억이 나네요. 하지만 조금씩 학문의 깊이가 쌓여가면서 대기오염 문제는 과학적인 방법으로 입증할 수 있다는 사실에 힘이 났습니다. 지금은 미세먼지, 오존, 질소산화물 등 다양한 오염물질에 대해 최첨단 장비를 이용하여 아주 저농도 수준까지 분석할 수 있죠. 그리고 이러한 자료들을 종합적으로 분석하여 한국환경공단에서 개발한 실시간 대기질 정보시스템인 '에어코리아(AirKorea)'를 통해 우리 동네 대기질을 바로 확인할 수 있어요. 과학적인 접근을 통해 국민에게 알권리를 제공하고 있다는 점에서 매우 보람된 일이라 할 수 있죠.

Question 환경에 관한 철학과 대책에 대해서 한 말씀 부탁드립니다.

기후변화로 인간의 면역체계가 약해지고, 식량 수급에 차질이 빚어지면 사람들이 감염병에 걸릴 확률이 늘어난다고 합니다. 또 기후변화는 생물다양성을 파괴합니다. 지금은 어느 때보다도 기후 위기 극복을 위해 녹색 전환이 필요한 시기입니다. 정부를 포함한 우리 모두 탄소중립을 위해 무엇을 해야 할지 고민해야 합니다. 스웨덴의 청소년 환경운동가 그레타 툰베리가 행동했던 것처럼.

Question 환경전문가로서 앞으로의 삶의 계획을 알 수 있을까요?

환경 분야에서 활동한 지 벌써 40년이란 세월이 흘렀네요. 크고 작은 일들을 숱하게 겪어 왔지만, 여전히 환경문제는 국경을 넘어 전 세계의 관심사죠. 하지만 지구온난화, 이상기후 등 아직도 해결하지 못한 일들이 너무 많아 후손들에게 온전한 지구를 물려줄 수 있을지 고뇌의 시간만 깊어갑니다. 앞으로 환경문제를 좀 더 열심히 홍보하면서 틈틈이 후학을 양성하는 일에 매진하고 싶어요. 아랍 잠언엔 이런 글귀가 있다네요. "내 아버지는 낙타를 탔고, 나는 롤스로이스를 탄다. 내 아들은 제트기를 탈 것이고, 아들의 아들은 다시 낙타를 탈 것이다." 아마도 이 글귀는 화석연료의 무분별한 사용으로 나와 내 아들은 부를 축적하여 호화로운 생활을 할 수 있겠지만, 결국 화석연료의 고갈로 아들의 아들은 궁핍한 생활과 함께 환경적 재앙에 직면할 거라는 경고의 메시지를 담고 있어요. 저 역시 지금까지 환경문제 해결을 위한 현상을 파악하고 점검에 매진했다면, 앞으로는 지구환경 파괴에 침묵하고 기후변화 대응에 적극적이지 않은 부류들을 향해 외치고 알리는 환경운동 실천가로서 삶을 살고 싶습니다.

Question

목표를 실현하기 위해 현재 하시는 자기 계발 활동에 대해서 알고 싶습니다.

새로운 세상에 대한 학문적 관심과 지적 호기심은 정말 나이와는 상관없는 것 같아요. 하루 4시간의 잠으로 누구보다도 많은 시간을 활용할 수 있어서 여전히 보약 같은 하루를 보냅니다. 적지 않은 나이지만, 닥치는 대로 책을 읽고 닥치는 대로 공부해요. 그런데도 주말은 온전히 취미생활을 즐긴답니다. 민초의 삶이 그대로 투영된 가장 한국적인 그림, 바로 '민화'에 흠뻑 빠져 살고 있죠. 어찌하다 작가의 반열에 들어 또 다른 열정으로 민화와 대적하고 있답니다. 그리고 여전히 남을 가르치는 일을 좋아하다 보니, 유명 강사들의 코칭 방법과 그들만의 강의 방법 등을 배우려 많은 시간을 할애하고 있죠. 은퇴 후 여건이 허락된다면 대학으로 자리를 옮겨 후학들을 가르치면서 환경활동가로 일하고 싶어요.

Question

환경전문가로서 청소년들에게 해주고 싶은 말씀 부탁드립니다.

우리가 사는 '환경'은 이 시대를 사는 우리만의 것이 아닙니다. 기후 위기와 팬데믹으로부터 안전하고 온전한 지구를 고스란히 후손들에게 물려줄 책임과 의무가 지금 이 시대를 사는 우리에게 있답니다. 세계 유명 정치인들의 회의적인 입장도 있었지만, 스웨덴 청소년 환경운동가 그레타 툰베리는 지구환경 파괴에 침묵하고 기후변화 대응에 적극적이지 않은 주류 정치인들과 어른들을 공개적으로 비판했어요. "당신들은 자녀를 사랑한다고 말하지만, 기후변화에 적극적으로 대처하지 않는 모습으로 자녀의 미래를 훔치고 있다."라고 경고했죠. 우리나라에서도 "저는 중학생입니다. 기후 위기 관련 정책을 만들어 주세요."라는 글이 청와대 국민청원에 올라온 적이 있어요. 지금 당장 우리는 기후 위기라는 실존적 위험을 극복하기 위해서 기존 체제의 전환을 통해 지속불가능성을 해체해야 해요. 청소년 여러분들의 환경에 대한 문제 인식과 함께 탄소중립을 통해 탄소 사회의 종말에 필요한 지혜를 모아야 할 때라고 봐요. 소소하지만 일상생활에서 실천 가능한 탄소포인트제, 탄소중립실천포인트제 등에 적극적으로 가입하여 기후 위기 대응을 위한 국민 실천문화 확산에 청소년들의 큰 역할을 기대합니다. 마지막으로 어떤 직업보다 가치 있고 매력적인 환경공학자에 도전해보라고 말씀드리고 싶네요.

충청남도 부여에서 태어나서 유년 시절을 보냈고, 역사와 고전에 관한 책을 많이 읽으면서 중학교 시절까지 역사 교사나 법률가를 꿈꿨었다. 하지만 중학교 3학년 때 과학 선생님의 권유로 대전과학고등학교(현, 대전영재과학고등학교)에 진학하게 된다. 졸업 후에 KAIST 토목공학 학사, 환경공학 박사 과정을 마쳤으며, 박사 후 과정으로 광주과학기술원과 Yale 대학교에서 나노기술의 환경공학 분야 적용에 관한 연구를 진행하였다. 2009년 캐나다의 Alberta 주립대학에서 교수 생활을 시작하였고, 2년 후에 경희대학교로 이직하면서 환경공학 분야의 많은 교수와 교류하며 다양한 연구 분야를 접하였다. 환경공학회 활동으로 환경 관련 사회 이슈에 식견을 높이면서 2015년부터 KAIST 건설 및 환경공학과에서 교수로 재직하며 연구와 교육에 열정을 쏟고 있다.

KAIST 건설 및 환경공학과

강석태 부교수

현) KAIST 부교수

- 경희대학교 조,부교수
- University of Alberta 조교수/겸임교수
- Yale University 박사후연구원
- 광주과학기술원 연구교수
- 한국과학기술원 박사후연구원
- UC Riverside 박사후연구원
- 한밭대학교 강사
- 한국기계연구원 방문연구원
- KAIST 연구조교
- KAIST 환경공학 박사
- KAIST 토목공학 학사

환경공학기술자의 스케줄

강석태
교수의
하루

05:00 ~ 06:30
▸ 기상 및 논문 리뷰

06:30 ~ 08:00
▸ 출근 준비

08:30 ~ 12:00
▸ 출근 및 학생 면담
▸ 연구과제 진행 회의

12:00 ~ 13:00
▸ 점식 식사

13:00 ~ 15:00
▸ 강의

15:00 ~ 18:00
▸ 강의 준비,
기타 잡무처리

18:00 ~ 19:30
▸ 학생 면담 및 퇴근

19:30 ~
▸ 저녁 및 운동

문과 지망생이 과학고등학교에 진학하다

▶ 고등학교 시절 설악산 수학여행

▶ 고등학교 시절 KAIST 견학

Question

어린 시절에 어떤 분이셨습니까?

부여의 시골에서 자란 탓에 말 그대로 자연을 벗 삼아 뛰어놀던 어린아이였죠. 초등학생 때에는 키가 작은데도 불구하고 지기 싫어하는 성격 때문에 자주 싸웠던 기억이 나네요. 한 친구랑 서로 코피 터지게 싸우고 난 후에는 싸움이 아닌 학업 쪽에서 지기 싫어하는 아이로 바뀐 것 같아요. 5남매를 둔 부모님께서는 자녀들을 자유롭게 키우셨고, 예의를 강조하신 엄하셨던 아버지 덕분에 모나지 않게 성장했답니다.

Question

어린 시절 좋아했던 과목이나 흥미를 지닌 분야가 있으셨나요?

역사를 무척이나 좋아해서 우리나라와 중국, 그리스 로마신화, 북유럽신화 등과 관련된 책을 많이 읽었어요. 아울러 고전들도 좋아해서 도서관 담당 선생님과 친했던 기억도 나고요.

Question

중고등학교 시절 학교생활은 만족스러웠나요?

중학교 때는 키 때문에 콤플렉스가 있었죠. 그래서인지 성적이 떨어지면 자존심이 상해서 공부를 더 열심히 하던 기억이 납니다. 시골 아이들이 대개 그렇듯이 친구들을 자주 도와줬던 것 같고, 성적이 떨어지는 친구들을 지도해주면서 친해지기도 했죠. 고등학교 시절에는 전국에서 모인 수재들 틈에서 경쟁하느라 고생이 많았죠. 처음 해보는 도시생활과 너무 빨리 나가는 진도 때문에 순식간에 뒤처지게 되면 자존심도 많이 상했답니다. 자습 시간이 끝나면 룸메이트들과 새벽까지 이야기를 나누고 미래를 꿈꾸면서 막연하게 우리 모두 20~30년 뒤에는 엄청난 일들을 하고 있을 거라고 상상했었죠.

Question 진로 때문에 부모님과 갈등은 없었나요?

부모님은 제가 어떠한 결정을 내려도 좋다고 하셨어요. 중학교까지의 희망 직업은 역사 선생님이나 판사였었는데, 중학교 3학년 당시 과학 선생님께서 과학고등학교에 도전해보라는 권유하셨죠. 그것이 계기가 돼서 결국 문과 지망생이 환경공학 교수의 길을 가고 있습니다.

Question 환경 관련학과를 선택하시게 된 특별한 이유가 있나요?

KAIST는 2학년에 전공과목을 수강하면서 자신의 전공을 스스로 정하게 됩니다. 개인적으로 유전공학에 관심이 많아서 생물공학과에 진학하려 했어요. 그런데 이때만큼은 부모님과 고등학교 선생님께서 적극적으로 만류하셨어요. 그래서 하는 수 없이 생물공학과도 연관이 깊어 보이는 '환경공학' 전공을 찾았고, 당시 미국 대학교 잡지에서도 미래에 유망한 분야라고 소개하고 있어서 고민 없이 선택하게 됐죠.

Question KAIST에서의 대학 생활은 어떠셨나요?

처음엔 책이나 TV, 영화에서 나오는 낭만적인 대학 생활을 기대했어요. 하지만 현실은 그렇지 않다는 것을 일찌감치 깨달았죠. 1, 2학년 때에는 도서관에서 숙제와 독서, 영화동아리 활동을 열심히 했답니다. 2학년 때 환경공학을 전공하신 교수님을 지도교수님으로 정하면서 대학원 연구실에서 학생연구원으로 여러 실험을 했었죠. 연세와 경험이 많으신 박사님들에게서 다양한 지도를 받았습니다.

Question 대학 시절 환경공학의 길에 도움이 될 만한 활동이 있었나요?

2학년 때부터 출입한 연구실 생활 덕분에 우리 생활 주변의 환경공학 문제에 대해 다양하고 깊게 이해하게 되었죠. 이를 해결하기 위한 여러 기술에 대해서도 체험할 수 있었고요. 그런데 그 당시엔 학과에 환경공학과 관련 과목이 많지 않았답니다. 그래서 화학공학과, 생물공학과, 재료공학과, 기계공학과, 화학과 등 타 전공과목들을 수강하면서 다양한 기초를 다질 수 있었죠. 그러한 토대 위에서 융합학문인 환경공학을 연구하는 데 큰 도움을 받았습니다.

캐나다 에드먼턴에서의 첫 교수 생활

▸ 학부 연구생 시절 컴퓨터를 이용한 실험데이터 분석

▸ 일본 학회에서 석사연구결과 발표 후 교토대학교 대학원생과 함께

▸ 석사과정 중 지도교수님 및 연구실 동료들과의 계룡산 등반

Question 대학 시절 특별히 기억에 남는 에피소드가 있으신지요?

영화감상동아리 활동을 했는데, 매년 봄 축제마다 주점을 열고 영화를 상영했어요. 마지막 날에는 남은 술과 안주를 동아리 회원들과 함께 마시고 먹었는데, 언제나 기억 소실이 발생했던 기억이 가장 강렬하군요. 연구실에서 실험 후에 수업에 들어갈 때면, 당시 실험과정에서 나던 악취가 옷에 배어서 제 주변에만 유독 학생이 없었던 기억도 나고요.

Question 전공을 정하는 과정에서 어떠한 기준이 있었나요?

사실 전공을 정하기 전까지 특별한 기준은 없었던 거 같아요. 대학에 입학하면서 막연하게 수박만 한 쌀을 만들 수 있는 유전공학자가 돼서 농업을 부흥시키고자 했던 기억은 납니다. 환경공학으로 전공을 선택한 후에는 대학 시절 지도교수님의 인생이 정말 멋있어 보였죠. 그래서 고민 없이 환경공학 교수를 목표로 정하게 됐고요.

Question 환경공학 교수님이 되시기까지의 여정을 듣고 싶습니다.

박사 후 과정으로 미국 예일대학교에서 3여 년 있었어요. 지도교수님이 전 세계적으로 유명하신 분이었고, 덕분에 연구자로서 자세를 잘 지도받았습니다. 아울러 그때 같이 수학했던 대학원생들과 연구자들도 미국을 비롯한 여러 나라에서 교수로 활동하고 있고 지금도 연락하며 지내고 있답니다. 첫 교수 생활을 시작했던 캐나다의 에드먼턴은 모스크바보다 위도가 더 높은 지역이에요. 여름에는 천국, 겨울에는 겨울왕국으로 변하는 도시죠. 하지만 한국 시골에서 자란 저에게는 너무나도 심심한 도시였기에 2년 만에 경희대학교로 이직하게 되었답니다. 수도권에 있는 경희대학교에서는 환경공학 분야의 많은 교수님과 교류하면서 다양한 연구 분야를 접하게 되었죠. 연구과제를 기획하는 일을 주로 했었고, 환경공학회 활동을 통해 환경과 관련한 사회 이슈에 대한 식견을 높였고요. 이후 모교인 KAIST에서 후학들을 양성할 기회가 생겨서 2015년부터 KAIST에서 연구와 교육을 하고 있습니다.

Question 교수의 길을 선택하시게 된 특별한 이유가 있나요?

여러 이유가 있겠지만, 연구실 대부분 선배가 교수가 되었기 때문에 저도 자연스럽게 교수를 목표로 하게 되었죠. 역시 맹모삼천지교의 고사처럼 지내는 환경이 중요하다는 생각이 드네요

Question **환경공학 전문가로서** 직업 철학은 무엇인가요?

환경을 깨끗이 하려면 환경공학자가 더럽고 어려운 일을 해야 한다.

Question **현재 KAIST에서 주로** 하고 계신 일은 알고 싶습니다.

KAIST는 우리나라의 과학기술 발전을 위하여 MIT를 모델로 전략적으로 만들어진 대학원 중심 대학입니다. 세계적으로도 짧은 기간 기적적인 성장을 보여준 우리나라의 최고 공과대학이라고 볼 수 있죠. 저는 건설 및 환경공학과에서 대학원 학생들과 함께 지속 가능한 환경 보전을 위해 미생물, 분리막, 촉매, 전기 등을 이용하여 물을 정화하고 이산화탄소를 제거하는 연구를 주로 수행하고 있답니다.

Question **환경공학기술자로서** 첫 업무는 어떤 것이었나요?

석탄에서 바이오가스를 만들 수 있는 공정을 개발하는 과제에서 바이오가스를 더 많이 생산하기 위한 전처리 공정을 개발하는 연구를 수행했습니다.

Question 지금까지 했던 업무 프로젝트 중에서 가장 기억에 남는 것은 무엇인가요?

콜럼버스의 달걀처럼 역발상을 통해 얻어낸 성과가 있었죠. 기존기술로 만들기 어려웠던 세라믹 나노막을, 오염 현상을 역이용하여 쉽게 제조할 수 있는 기술을 개발했을 때가 가장 기억에 남네요. 발상의 전환을 통해서 문제를 해결한 뿌듯한 순간이었죠.

Question 대학에서 가르치시면서 환경공학과에 적절하고 적응을 잘하는 학생의 성향은 무엇이라고 생각하시나요?

전통적인 개념에서 환경공학은 사람을 비롯한 생태계에 나쁜 영향을 미치는 오염물질을 분석하고 제거하는 방법을 연구하고, 실제로 적용하는 학문이라고 할 수 있죠. 먹는 물을 만드는 정수처리 공정과 상수도 시설, 생활에 사용한 물을 모아서 처리하는 하수도와 하수처리시설, 폐기물을 모아 처리하는 매립지와 소각장이 대표적인 환경공학 기술이 적용된 시설입니다. 최근에는 지구온난화 가스에 따른 기후변화와 마이크로플라스틱과 같은 전 지구적 문제들이 주요한 환경공학의 화두가 되면서, 환경공학은 전통적인 분야를 넘어서 인문, 사회, 과학까지 포괄하는 융합 학문으로 변모하고 있답니다. 따라서 과거에는 화학공학과 생물공학의 기초가 탄탄한 학생이 쉽게 접근할 수 있었다면, 앞으로는 확률, 통계, 경제, 인공지능 등을 이용하여 매일매일 생산되는 수많은 자료(혹은 빅데이터)를 분석하고 비교하고 평가하는 분야가 더욱 중요해지리라 생각합니다. 하지만 어느 경우에라도 우리가 사는 환경과 지구를 먼저 생각하는 이타적인 마음을 가진 끈기 있는 학생이 더 잘 적응할 거라고 봐요.

꿈꾸지 않는
사람에겐 아무것도
이루어지지 않는다

▶ 2018년 연구실 그룹사진

▶ 2019년 연구실 그룹사진

▶ 2021년 연구실 그룹사진

Question

환경공학 분야의 직업적 특성과 전망에 관해서 설명해 주세요.

환경공학은 노동집약적인 연구 분야라고 할 수 있어서 실험이 상당히 많아요. 따라서 학생 지도나 연구과제 도출 및 진행에 많은 시간을 할애해야 하죠. 연봉은 연구과제 규모에 따라 편차가 있어 정확한 산정은 힘들지만, 아마도 대기업 부장과 비슷할 겁니다. 미래에서 직업으로서의 교수는 교육 기능은 점차 줄어들 것이고, 연구자로서 기능이 더 강화될 것으로 봐요.

Question

환경공학 교수님이 되고 나서 새롭게 느끼시는 점이 있나요?

학생 때 꿈꿨던 교수의 생활과 현실의 교수 생활은 크게 달라요.

Question 교수라는 직군에 대한 오해와 진실이 있다면 무엇일까요?

교수는 시간이 매우 많을 것으로 생각하는데, 실제로는 새벽과 밤에도 여러 일을 하기도 합니다. 또한 학생들과 함께하지 않으면 연구가 진행되지 않기에 성실한 학생이 무엇보다 중요해요.

Question 스트레스를 해소하기 위해서 어떠한 취미활동을 하시나요?

독서와 걷기를 즐깁니다. 학창 시절처럼 여전히 역사나 신화와 관련된 책을 즐겨 봐요.

Question 향후 삶의 목표와 비전이 무엇인가요?

우리나라와 외국인 학생들을 훌륭한 연구자로 양성하는 것이 일차적인 목표이고, 가능하면 제자들이 각국으로 돌아가 교수로 임용되도록 돕고 싶습니다. 이를 통해 같이 환경문제를 해결하기 위해 공동연구를 진행하는 미래를 꿈꿔봅니다.

Question

새롭게 도전하시는 분야나 자기 계발 활동에 대해서 알고 싶습니다.

지금까지는 주로 안전하고 깨끗한 물을 만드는 연구를 진행했었는데, 앞으로는 기후 변화에 대응하기 위한 이산화탄소 저감 및 전환에 관한 기술을 개발하려고 준비하고 있어요. 이를 위해서 새롭게 전기화학에 관한 공부를 시작했죠. 다양한 시각을 지니기 위해서 꾸준히 교양서적들을 읽고 있으며, 이를 통해 기존의 고정관념을 변화시켜서 새로운 공상을 하는 데 이용하고 있답니다.

Question

다양한 시각을 지니기 위해서 교양서적을 읽으신다고 하셨는데 청소년들에게 추천할 서적이 있을까요?

침묵의 봄(레이첼 카슨)

작은 것이 아름답다 (슈마허)

물부족 (반다나 시바)

빈곤의 종말 (제프리 삭스)

기후변화와 에너지 산업의 미래 (강신홍 등)

지구를 위한다는 착각 (마이클 셸런버거)

Question 이산화탄소 저감과 전환에 관한 기술을 개발하려고 하시는데 좀 더 구체적으로 설명을 들을 수 있을까요?

현재 기후변화가 이산화탄소를 비롯한 지구온난화 가스에 의해 촉발된다는 것에 대부분 과학자가 동의하고 있죠. 이 때문에 세계 각국은 세계 각국은 탄소중립 목표 선언과 더불어 탄소 규제를 더욱 강화하여 2050 탄소중립을 선언한 상태입니다. 2023년부터는 제품의 생산, 소비, 수출 등에서 탄소를 배출한 것만큼 세금을 더 매기거나, 배출된 이산화탄소를 어떤 식으로든 흡수·전환해서 탄소중립을 실현하는 것으로 법규를 개정하고 있답니다. 이를 위한 수단으로 CCU(carbon capture and utilization) 기술이 개발되고 있어요. CCU 기술은 에너지와 산업 공정 등에서 배출되는 이산화탄소를 탄산칼슘과 석회석으로 직접 활용하거나, 이산화탄소 내의 탄소를 활용하여 메탄, 개미산, 일산화탄소, 에틸렌 등의 유기물로 전환함으로써 잠재적 시장가치가 있는 제품으로 활용하는 기술이에요. 본 교수연구실에서는 화학적으로 안정하고 전도성이 있는 다공성 구조의 탄소나노튜브로 만들어진 전극을 활용하여 이산화탄소를 일산화탄소, 메탄 및 개미산으로 전환하는 연구를 수행하고 있죠. 특히, CCU 활용기술의 문제점인 느린 반응속도를 효율이 좋은 촉매를 개발하여 해결하고, 반응 후 생성물의 분리 문제를 획기적으로 해결할 수 있는 분리막과 전극을 결합한 형태의 새로운 전기화학 시스템을 평가하고 있어요.

* 탄소중립 : 인간 활동에서 이산화탄소를 생산하지 않거나, 생산된 이산화탄소와 같은 양의 이산화탄소를 흡수·전환하여 순 배출량이 0이 되도록 하는 정책

Question 인생의 선배로서 청소년들에게 조언 부탁드립니다.

청소년 여러분, 오랫동안 이어져 온 격언은 그것이 아직도 사실이기 때문입니다. 꿈꾸지 않는 사람에게는 아무것도 이루어지는 게 없습니다. 무엇이든 꿈을 꾸고 노력하세요.

어린 시절 부모님의 남다른 교육 방식으로 자기 주도적인 학습을 익히면서 뛰어난 성적과 리더십을 발휘하게 된다. 한때 탐정과 기자를 꿈꾸던 시절이 있었으나, 고교 시절 '카오스(제임스 글릭 저)'라는 과학 도서를 읽으면서 기상학에 관심을 두게 되었고 다양한 분야의 학문이 융합되었다는 사실에 매료되어 대기과학 전공이 있는 서울대학교 자연과학부로 진학하였다. 대학 시절엔 영화, 환경, 문학, 여성, 풍물 등 다양한 동아리 활동을 하였다. 서울대학교 지구환경과학부 대기과학과에서 석사(기후변화와 관련된 한국의 여름철 기상 특성 연구) 및 박사(한국의 고농도 미세먼지 발생과 관련된 기상 특성 및 원인 분석 연구) 학위를 취득하였다. 2014년 8월부터 한국환경연구원(舊 한국환경정책·평가연구원)에 입사하여 대기질 관리 정책 연구 업무를 수행하고 있다.

한국환경연구원 대기환경연구실
이승민 연구위원

현) 한국환경연구원 대기환경연구실 연구위원
- 한국환경연구원 대기환경연구실 부연구위원
- 서울대학교 기초과학연구원 박사후연구원
- 특허 제10-1194677호
  (도시 지역 고농도 미세먼지의 발원지 추정 방법)
- Outstanding Student Paper Award of AGU Fall Meeting
- 서울대학교 자연과학대학 지구환경과학부 대기과학 전공 박사
- 서울대학교 자연과학대학 지구환경과학부 대기과학 전공 석사
- 기상청 관측국 측기관리과 기상서기보
- 기상기사
- 서울대학교 자연과학대학 대기과학 전공 학사

환경공학기술자의 스케줄

이승민
연구위원의
하루

[오전 공통 스케줄]

07:30 ~ 08:40
▸ 기상 및 아이들 등교 준비

08:40 ~ 10:00
▸ 출근 준비, 출근

10:00 ~ 12:00
▸ 업무 준비
(금일 업무 스케줄 체크, 업무 관련 행정 처리 및 업무 지시 등)

12:00 ~ 13:00
▸ 동료들과 점심 식사

[월, 수, 금]

13:00 ~ 20:00
▸ 연구 업무

20:00 ~ 21:00
▸ 퇴근, 저녁 식사

21:00 ~ 23:00
▸ 아이들 돌봄, 집안일

23:00 ~
▸ 취침

[화, 목]

13:00 ~ 18:30
▸ 연구 업무

18:30 ~ 20:00
▸ 개인 운동(필라테스)

20:00 ~ 21:00
▸ 퇴근, 저녁 식사

21:00 ~ 23:00
▸ 아이들 돌봄, 집안일

23:00 ~
▸ 취침

탐정과 기자를 꿈꾸던 소녀, 대기과학에 빠지다

▶ 초등학교 시절

▶ 초등학교 졸업식

▶ 고등학교 시절

Question 어린 시절을 어떻게 보내셨나요?

어린 시절에는 내성적이고 조용한 성격이었죠. 놀이터에 나가서 친구들과 어울려 노는 것보다는 방 한구석에 조용히 앉아서 책 보는 것을 훨씬 좋아했던 것 같네요. 특히 범인이 누굴까, 사건이 어떻게 해결될까 흥미진진한 추리 소설을 읽는 걸 좋아했어요. 자식 교육에 열성적이셨던 어머니와 한때 중학교 수학 교사이셨던 아버지 덕분에 학원에 다니지는 않았어요. 집에서 백과사전이나 아버지의 수학교육 관련 책 등을 많이 보면서 학교 공부에 도움을 받았던 기억이 납니다.

Question 부모님께서 남다른 교육 방법으로 지도하셨나요?

어머니는 반의 모든 친구가 다 가지고 있던 전과(교과서 문세 풀이 정답이 실려 있던 책)를 사주지 않고 집에 있는 책 속에서 관련 내용을 찾아서 숙제하게 하셨어요. 덕분에 교과서 내용에 한정된 것이 아닌 더 다양한 분야의 지식을 습득할 수 있었답니다. 아버지는 수학과 영어를 도맡아 가르쳐 주셨는데, 호기심을 가질 만한 어려운 문제를 낸 다음 약간의 힌트만을 주고 스스로 생각하여 풀게 하셨죠. 그렇게 정답을 맞혔을 때 폭풍 칭찬을 하면서 공부의 재미를 느끼게 해주신 분이셨어요. 지금 생각해 보면 부모님의 이런 교육 방식 덕분에 현재까지도 많은 도움을 받는 것 같네요.

Question 특별히 관심을 두고 공부한 분야가 있었나요?

특별히 싫어하는 과목은 없었고 두루두루 좋아했어요. 국어, 영어, 생물, 지구과학을 조금 더 좋아했던 것 같습니다.

Question 중고등학교 시절 학교생활은 재미있었나요?

공부하는 것을 좋아하다 보니 성적이 좋았어요. 성적이 좋아서 선생님들의 관심과 칭찬도 많이 받고, 내성적인 성격 덕분에 튀는 행동을 하지 않는 이른바 '범생'이었죠. 제가 어렸을 때만 해도 성적이 좋은 친구들을 학급 대표로 뽑는 분위기가 있었기에 자의 반, 타의 반으로 반장을 계속 맡게 됐어요. 그러면서 내성적이고 소극적인 성격에서 외향적이고 적극적인 모습으로 차츰 바뀌었죠. 다른 사람들에게 관심을 가지고 중재하는 것도 좋아했고요. 취미와 관련된 동아리 활동은 하지 않았고, 수학 경시반에 뽑혀 활동했었는데, 경시반에서 만났던 친구들이 좋은 자극이 되었던 것으로 기억합니다.

Question 희망 진로나 직업 때문에 부모님과 갈등은 없었나요?

추리 소설을 읽기 좋아했고, 그래서 초등학교 때 꿈은 탐정과 기자였어요. 학교 공부에 바빠서 이런 꿈을 잊고 있었던 중고등학교 때는 특정한 직업과 관련된 장래 희망이 있지는 않았던 것 같아요. 대학교에 진학할 때 부모님께선 의학이나 공학 분야를 원하셨지만, 제가 선택하는 길을 존중한다고 말씀하셨죠. 저는 대기과학이라는 학문에 매료되어 자연과학 분야로 진학할 계획이었거든요.

Question 대기과학에 관심을 두시게 된 특별한 계기가 있었나요?

고교 시절에 '카오스(제임스 글릭 저)'라는 과학 도서를 읽었던 것이 대학교 전공을 선택했던 결정적인 계기가 되었어요. 기상학자 로렌츠가 말한 '나비 효과(태평양의 작은 나비의 날갯짓이 뉴욕에 태풍을 일으킬 수도 있다는 이론)'에 관한 내용은 상당히 충격적이었죠. 노인분들이 무릎 쑤시는 것으로도 쉽게 맞출 수 있다는 날씨가 실제로는 예측하기가 매우 복잡하고 어렵다는 사실도 알게 되었어요. 기상학이 수학, 물리학, 컴퓨터공학 등 다양한 분야의 학문이 융합된 흥미로운 학문이라는 사실에 매료되어 대기과학 전공이 있는 서울대학교 자연과학부로 진학하게 되었답니다.

Question 대학 생활을 어떻게 보내셨나요?

제가 대학에 입학했던 1997년에는 여러 학과가 통합된 학부제로 선발하여 3학년 진학 시 세부 전공을 선택하는 체계였죠. 자연과학부에 입학하고 보니 주변 친구 중엔 대기과학에 관심 있는 친구들은 없었어요. 다들 순수 과학자를 꿈꾸며 수학자, 물리학자 등이 되고 싶어 온 친구들이 대부분이었어요. 그 당시 별로 인기가 없었던 대기과학과에 가고 싶다는 저에게 친구들은 우스갯소리로 "너는 열심히 공부할 필요 없이 '대기'만 하고 있다가 '대기학과' 가면 되겠다."라고 했답니다. 경쟁이 치열한 수학과, 통계학과, 물리학과, 생물학과 등에 진학을 원하던 친구들은 성적 관리를 열심히 했지만, 저는 학점 관리보다는 과 활동과 동아리 활동을 더욱 열심히 했죠. 선배들이 권유하는 동아리마다 다 가입해서 역사, 영화, 환경, 문학, 여성, 풍물 등 동시에 대여섯 개의 동아리 활동을 했던 기억이 납니다.

Question 여러 동아리 활동을 하면서 특별히 기억에 남는 일이 있나요?

386 세대는 아니지만, 제가 대학을 다녔던 90년대 후반에도 정치와 사회 문제에 관심을 가진 선배와 친구들이 많았어요. 이것저것 권유하는 동아리에 모두 가입하다 보니, '범생이'들만 모인 줄 알았던 우리 대학에도 흥미로운 시각을 가진 친구들이 많이 만나게 됐죠. 그런 선후배, 친구들과 논의하고 활동하면서 학과 수업에서는 가르쳐주지 않는 사회 이론들을 접하게 됐어요. 그러면서 자연스럽게 학교와 주류 이론이 가르쳐주는 시각에서 벗어나 내가 속해있는 사회에서 벌어지는 일들에 대한 다양한 소수 의견에도 관심을 기울였죠. 그때부터 직업적으로 좀 더 많은 이의 행복에 도움을 주고 싶다는 생각을 품게 되었던 것 같아요.

기상청에서 한국환경연구원으로

▸ 박사 과정 때 미국지구과학학회 참석

▸ 기상청 서울관측소 근무 시절

▸ 석탄화력발전소 영향 KBS보도 장면

Question 진학이나 진로 결정 시 도움을 준 사람이 있었나요?

대학교 진학 때는 부모님의 의견이, 대학원 진학 때는 학과 선배님들의 조언이, 대학원 진학 후 학위 주제를 결정할 때는 지도교수님의 의견이, 현재 직장을 선택할 때는 배우자의 의견이 많은 영향을 주었죠. 중요한 선택을 할 때 저 스스로 결정했다고 생각해 왔는데, 지금 뒤돌아보니 많은 사람의 진심 어린 조언이 저를 여기까지 이끌었네요.

Question 첫 직장은 무엇이었고 어떤 일을 하셨나요?

첫 직장은 학부 졸업 후에 근무했던 기상청이에요. 서울 종로구 송월동에 있는 우리나라 최초의 기상청 건물인 서울관측소에서 기상 관측 현업을 맡았었죠. 일근, 야근, 비번으로 3교대 근무를 하면서 매시간 기상 상황에 대해 관측하여 정보를 전송하는 일이었답니다. 전국적으로 대기학과(기상학과)가 개설된 대학교가 많지 않아서 기상청 내에 같은 대학 선배들이 많이 계셨어요. 입사한 지 얼마 되지 않고부터 선배님들이 "우리 학교 학부만 졸업하고 기상청 와서 힘들게 교대 근무하는 녀석은 네가 처음이다. 늦기 전에 얼른 대학원 가서 더 공부하고 와라."라는 조언을 많이 하셨어요. 처음에는 직장 생활이 재미있어서 한 귀로 흘려듣던 조언이었지만, 1년쯤 교대 근무를 하면서 체력적으로 지쳐갈 때쯤 제가 하는 일에 대해서 더 전문적인 지식을 쌓고 싶다는 생각이 자연스럽게 들더라고요. 그렇게 대학원에 진학하여 석사, 박사 학위를 취득한 후 현재의 직장인 한국환경연구원에 입사하게 되었습니다.

Question 한국환경연구원에 지원하신 특별한 이유가 있었나요?

제가 학위 과정에서 공부한 지식을 활용하여 좀 더 많은 사람의 생활에 좋은 영향을 미칠 수 있는 방향으로 기여하고 싶다고 생각하게 되었죠. 같은 과의 많은 동료는 질적으로 수준 높은 연구를 할 수 있는 대학 교수를 지망하는 경우가 많았지만, 저는 학문의 '정책' 활용이 가능한 직업 쪽으로 진로를 찾고 싶었거든요. 이러한 저의 바람에 가장 들어맞는 곳이 환경을 다루는 국책연구기관인 현재의 직장이랍니다.

Question 한국환경연구원에 관해서 소개 부탁드립니다.

한국환경연구원(Korea Environment Institute)은 1993년 출범한 국내 유일의 환경 분야 국책연구기관이자 환경영향평가 전문검토기관이에요. 환경과 관련된 정책 및 기술의 연구 개발과 환경영향평가의 전문성, 공정성 제고를 통해 환경 문제의 예방과 해결에 이바지하는 것을 목적으로 하고 있죠. 물, 기후, 대기, 자연, 자원순환, 환경보건, 도시계획, 환경경제, 환경법 등 다양한 분야의 전문가들이 모여 연구하고 있으며, 2021년에는 연구기관평가에서 최우수기관으로 선정되기도 했답니다.

Question 한국환경연구원에 입사하여 이제껏 어떻게 일해오셨나요?

저는 2014년 8월에 입사한 이래로 대기환경정책 연구부서에서 8년째 근무하고 있어요. 입사 첫해에는 선배 연구자들이 수행하는 여러 연구 업무를 도왔죠. 기억에 남는 업무 중 하나는 '동북아시아 대기정책포럼'을 준비했던 일이에요. 포럼에 모인 한·중·일 3국의 대기 관리 및 국제 협력 전문가들이 심도 있게 논의했어요. 동북아시아 각국의 대기 문제가 서로 얽혀있기에 상호 협력을 통해 해결해야 한다는 걸 체감하는 기회가 되었죠. 제가 책임을 맡았던 첫 연구과제는 입사 2년 차에 수행한 「대기오염물질 배출사업장의 대기질 영향 분석 연구」입니다. 관측 자료에 대한 통계 분석을 통해 대형 석탄화력발전소에서 배출된 대기오염물질의 지리적 영향 범위를 밝히는 연구였답니다. 내륙에서 멀리 떨어진 서해의 도서 지역인 인천시 옹진군에 있는 영흥화력발전소에서 배출된 대기오염물질이 50~70km 떨어진 서울 서남부 지역의 대기질에도 많은 영향을 미치는 것으로 분석됐죠. 석탄화력발전소의 영향이 알려진 것보다 더욱 심각할 수 있음을 제시했어요. 해당 연구의 결과가 KBS와 JTBC 등에 보도되면서 석탄화력발전소 추가 증설 계획이 폐지되는데 일정 부분 기여했다고 자부하고 있습니다.

Question

지금까지 했던 업무 프로젝트 중에서 가장 기억에 남는 것은 무엇인가요?

2019년에 발표된 「미세먼지 관리 종합계획」의 이행 실적을 평가하는 연구과제가 기억에 많이 남네요. 2014년 미세먼지 예·경보제가 시행된 이후 '미세먼지' 문제는 전 국민의 관심사로 떠올랐죠. 여러 대책이 수립된 끝에 미세먼지 대기오염과 관련한 최상위의 국가 계획인 「미세먼지 관리 종합계획」이 2019년 말에 발표되었습니다. 이 계획은 2020년부터 2024년까지 5년간 산업, 발전, 교통, 생활, 국민 건강, 국제 협력 등 다양한 분야에서 미세먼지 대기질 개선을 위해 추진할 수 있는 여러 정책 과제를 제시하고 있답니다. 이러한 정책 과제들이 계획대로 잘 추진되고 있는지 평가하는 업무를 맡아 전년도에 이어 올해까지 2년에 걸쳐 수행하고 있어요. 각 정책 과제들의 세부 내용을 들여다보고 정책 담당자들을 만나면서 국가 정책이 사람들의 삶에 작동하는 과정을 이론이 아닌 실제로 접하고 있어 배우는 바가 정말 많습니다.

늘 열린
배움의 자세로
고정관념을 깨라

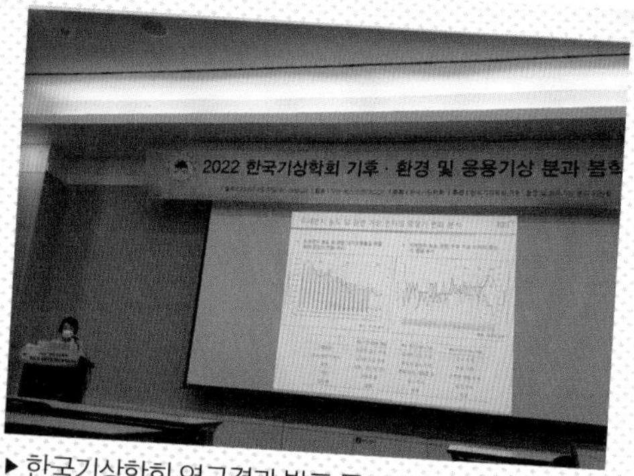

▶ 한국기상학회 연구결과 발표 중

▶ 벨기에 브뤼셀의 고농도 미세먼지 대책 답사 회의

▶ 중국 지닝시 비산먼지 관리 현황 답사

Question 한국환경연구원에 입사하려면 어떻게 해야 하나요?

우리 연구원에서는 환경공학뿐만 아니라 경제학, 도시계획학, 법학, 사회학, 행정학 등 다양한 전공 분야의 인재를 채용하고 있습니다. 꼭 환경공학을 전공할 필요는 없고 어떤 전공이든 환경과 관련된 주제라면 채용 기회가 있답니다. 다만 정규직으로 채용되려면 석사 학위 이상, 정규직 중에서도 연구과제를 책임지고 운용할 수 있으려면 박사 학위 이상의 학력이 필요해요.

Question 일하시면서 가장 중요하게 생각하는 직업 철학은 무엇인가요?

제가 주로 다루는 일이 환경 규제와 관련된 거예요. 그래서 때로는 산업계의 이익이나 경제적 효율성과 상충하는 부분이 있어 보일 때가 많죠. 타협 없이 강제적인 조치로 결론을 내리지 않기 위해 다수를 설득할 수 있는 합리적인 근거를 찾아요. 이러한 과정에서 발생할 수 있는 갈등을 조정하고 지원책을 마련하는 것 또한 제 일이랍니다. 환경 분야에서는 '짧고 굵게'보다는 '길고 가늘게'가 더 중요한 가치가 아닌가 싶어요. 지속 가능한 발전을 위해서는 조금 더디 가고, 일부 불편함이 있더라도 환경의 보존과 생명의 가치를 우선해야 한다는 것이 저의 직업 철학입니다.

Question 한국환경연구원의 근무 여건과 직업적 전망을 알고 싶어요.

우리 연구원은 개인 연구자로서 근무하는 데 좋은 환경을 갖추고 있다고 봐요. 박사급 연구자들에게는 단독으로 쓸 수 있는 연구실이 제공되고, 6~7년에 한 번씩 잠시 업무 환경에서 벗어나 자유롭게 연구하고 휴식할 수 있는 자율 연구 기회가 주어지는 장점도 있고요. 연봉은 국책연구기관 중에서 중상 수준이라고 합니다. 기후 위기 시대에 환경은 점점 더 중요한 분야가 될 거라 예상합니다. 그런 면에서 국내 유일의 환경 분야 국책연구기관 연구원으로서의 전망은 밝다고 볼 수 있죠.

Question 일하면서 생긴 스트레스는 어떤 식으로 푸시나요?

업무와 관련한 스트레스는 동료들과 수다를 떨면서 많이 푼답니다. 분야가 같지 않더라도 처한 상황이 비슷하고 정부 부처를 상대하는 일이 잦은 동료들이 나의 스트레스를 가장 잘 이해하기 때문이죠. 그렇게 해도 풀리지 않으면 산책해요. 제가 사는 세종시는 녹지 비율이 높고 산책로가 잘 조성되어 있어서 걷기에 아주 좋은 환경이거든요. 탁 트인 강변이나 아기자기한 산책로를 한 시간이고 두 시간이고 걷다 보면 기분 좋게 몸이 노곤해지면서 자연스레 스트레스가 풀립니다.

Question 환경연구원으로서 앞으로 삶의 목표와 비전을 알고 싶습니다.

지난해 WHO(세계보건기구)는 '깨끗한 공기는 인간의 기본권이자 건강하고 생산적인 사회를 위한 필요조건'이라고 강조하면서 16년 만에 대기환경기준을 강화했었죠. 강화된 기준에 따르면, 인간의 건강에 최소한의 피해를 주는 수준의 권고 기준은 연간 PM2.5 농도로 따졌을 때 연간 5㎍/㎥입니다. 최근 십여 년간 많은 개선이 있었지만, 여전히 우리나라의 대기질 수준은 세계 선진국에 비해 좋지 않아요. COVID-19 확산 우려로 산업 활동이 최소화되었던 전년도의 우리나라 연평균 PM2.5 농도는 18㎍/㎥이었습니다. WHO의 권고 기준을 만족하기에 아직 갈 길이 먼 수준이죠. 우리나라는 지리적으로도 불리한 위치에 있고, 국내의 환경 관리와 인식 수준도 개선되어야 할 부분이 많아요. 제가 하는 정책 연구를 통해 이런 점들을 개선하여 정년 퇴임하는 2040년 전까지는 WHO의 권고 기준과 유사한 수준으로 대기질이 좋아지는 데 일조하고 싶답니다.

Question

목표를 실현하기 위해 현재 하시는 자기 계발 활동이 있나요?

국내 대기질 문제는 국내만의 노력으로 해결되는 것이 아니고, 일정 부분 국제 협력이 꼭 필요합니다. 대기질 관련 국제회의, 특히 중국과의 회의를 통해 소통의 문제가 중요하다는 생각을 여러 번 하게 되었죠. 무조건 가해국으로 치부하는 시각에서 벗어나 계속해서 소통하고 협력하고 배울 필요가 있는 것 같아요. 더욱 원활한 소통을 위해 현재 중국어를 공부하고 있습니다. 아직은 매우 미흡한 수준이지만, 자율 연구 기간인 내년에는 본격적으로 열심히 배워볼 생각이에요.

Question

인생 선배로서 청소년들에게 해주고 싶은 말씀을 부탁드립니다.

갈수록 젊은 세대들이 살기 힘들어지는 세상이라고들 합니다. 저에게도 "우리 때는 훨씬 수월했다."라고 말하는 선배님들이 많으니까요. 꼰대가 되지 않으려면 지갑은 열고 입은 닫으라고 하더군요. 그래서 여러 잔소리보다는 응원한다는 말을 먼저 해주고 싶네요. 요즘 청소년들이 힘들게 공부하고 이것저것 다방면으로 노력하느라 수고가 많다는 점을 알고 있으니까요. 굳이 꼭 조언해야 한다면 딱 한 가지, 누구를 만나더라도 배우고 모방하여 내 것으로 만들 점을 한 가지씩만 찾아보세요. 제 경우를 돌이켜보면, 다른 분야를 공부하고 다른 생각을 품은 주변 사람들이 제 생각의 틀을 깨트려주었거든요. 그렇게 새로운 시각을 갖게 된 경험들이 현재의 업무를 하는 데 정말 많은 도움이 됩니다.

환경공학기술자에게 청소년들이 묻다

청소년들이 환경공학기술자에게
직접 물어보는 9가지 질문

한국환경공단에서의 처우나 근무환경은 괜찮은가요?

다른 공공기관처럼 특별한 것은 없지만, 본인의 능력에 따라 워라밸을 유지하면서 틈틈이 자기 계발도 병행할 수 있는 곳이랍니다. 20년 가까이 공단 생활을 돌이켜보면 늘 힘들고 어렵고 쉬운 적은 없었던 것 같네요. 직원들로부터 '워커홀릭'이라는 말을 들을 정도로 일에 집중하면 끝을 보는 성격이거든요. 그래서 성과도 많았지만, 이마저도 가족의 희생이 없었다면 불가능했을 거예요. 그래서 주말엔 가족들을 위해 요리도 하고, 청소도 하고, 아내랑 취미생활도 함께한답니다. 부장 직급이면 매년 연봉을 다시 정하고, 연봉은 다른 공공기관의 평균 정도라고 보면 될 거예요. '환경을 공부하는 MZ세대들에게 있어 다양한 환경매체를 다루는 한국환경공단은 꿈의 직장이다', 라는 얘기가 돌고 있죠. 한국환경공단에서는 해외사업도 적극적으로 추진하고 있어서 본인이 원한다면 해외에서 근무할 기회도 많이 있답니다.

환경공학 교수가 되기 위해서 어떠한 것을 준비해야 하나요?

박사학위 과정에서 다양한 문제를 해결하고, 이를 논문화하는 것이 중요해요. 박사 후 과정에서는 박사과정에서 연구한 분야 이외에 본인의 연구 능력을 발휘하는 게 중요하다고 봅니다. 아울러 영어 발표 능력과 글쓰기 능력도 매우 필요하죠.

환경 연구원은 편하게 연구실에서만 일하나요?

연구개발을 하는 수질관리, 컴퓨터를 사용하는 모델링 직업은 컴퓨터에 편하게 앉아서 일하는 것처럼 보일 수 있죠. 하지만 현장을 알아야만 숫자로 나타내는 결과물에 확신을 가질 수 있습니다. 숫자 계산만으로 업무를 하는 것보다는 현장을 직접 체험하고 이를 바탕으로 숫자를 계산해야만 정책이나 계획을 수립하는 데 유용하게 활용할 수 있어요.

환경공학자로서 이제껏 어떤 과정을 거치셨나요?

월급이라고 처음 받아본 기억은 1997년부터 시작한 대학교 시간강사였어요. 첫 강의는 300여 명의 대학생에게 '자연환경개론' 과목을 시작으로 대구·경북권의 4개 대학교에서 '미기상학', '환경화학' 등의 과목을 가르쳤죠. 그리고 박사학위 취득 후, 첨단산업의 글로벌 허브인 대덕연구개발특구에 있는 한국표준과학연구원에서 신진연구원으로 근무했어요. 연구책임자로 다수의 연구과제를 수행하면서 지금의 한국환경공단 제의로 2002년 9월에 경력직 과장으로 입사하게 됩니다. 연구 활동이 몸에 익숙한 연구원 자리를 떠나 각종 환경정책을 펴는 공기업에서의 적응은 쉽지 않았어요. 지금까지 기후대기, 물, 폐기물, 화학 등 다양한 분야에서의 소중한 경험과 결실은 저에게 훌륭한 자산이 되었어요. 대학에서 가르치진 않지만, 공단에서 기후대기 사내 교수로서 그 꿈을 실현하고 있답니다.

K-water 연구원에서 하는 일과 입사 자격을 알고 싶습니다.

K-water 연구원은 수자원공사(K-water)의 부설연구기관으로서 올해로 30주년이 되는 물 종합 연구원입니다. 이곳에는 물 관련 5개의 연구소가 있고, 약 200여 명의 연구진이 물과 에너지 관련 연구 업무에 종사하고 있답니다. K-water 연구원은 수자원, 인프라(댐), 상하수도, 에너지, 법, 제도 등 물 관련 전 분야를 다양하게 다루고 있죠. 연구원이라는 특성상 해당 분야의 석사학위 이상의 전문지식과 학위가 필요하며, 국제업무수행을 위한 언어적 능력도 필요하고요. K-water 연구원은 최첨단 미래 물 관련 기술부터 홍수와 가뭄 등의 국가적 물 문제를 해결하는 과제를 안고 있습니다. 또한 북한을 포함한 저개발 국가의 인프라 구축과 적정기술 보급 등에도 힘쓰고 있죠. 이곳에서 이루어지는 일들을 통해 국가와 국민, 그리고 소외된 이웃을 위해 기여하고 있다는 게 가장 큰 보람입니다.

환경전문가로서 일하시면서 새롭게 알게 된 사실이 있나요?

제 박사 학위 논문의 제목은 「주변 국가들로부터 이동해 오는 대기오염물질이 한국의 대기질에 미치는 영향 연구」예요. 이곳에 입사하기 전에는 논문 제목에서 알 수 있듯이 한국 대기질에 대한 상당 부분 책임이 중국을 비롯한 주변 국가에 있다고 생각했어요. 하지만 입사 후 국내의 대기오염물질 배출원과 국내 대기관리체계에 관련한 다양한 연구 자료를 접하면서 이러한 생각이 일부 바뀌게 되었답니다. 중국 탓만 하기엔 국내의 대기오염 배출원의 기여도 상당히 크며, 아직 개선하고 해결해야 할 대기 관리 체계의 미흡한 부분이 많다는 점이죠. 현재는 국내 배출원에 대한 관리 체계 개선과 더불어 국제 협력을 통한 광역적 대기 개선 체계가 동시에 마련되어야 한다는 생각입니다.

환경공학기술자로서 첫 업무는 어떤 것이었나요?

K-water에서는 댐을 건설하여 수자원, 수질을 관리하는 것이 많은 업무 중의 하나입니다. 처음 입사하고 맡은 업무가 '유역 수질모델링'이라는 것이었죠. 단어가 생소하겠지만, 비가 내려서 땅에 떨어지고 하천이나 강으로 모이는 땅을 '유역'이라고 합니다. 그 과정에서 수질 변화가 있고 그것을 수식으로 계산하는 것을 유역 수질모델링이라고 합니다.

한국환경연구원이 환경부 소속이 아니라고요?

환경 관련 연구를 하는 국책연구기관이다 보니 환경부 소속 기관으로 오해받을 때가 종종 있답니다. 물론 여러 정부 부처 중에서 환경부와 협력해서 일할 때가 가장 많긴 하지만, 우리 연구원은 환경부가 아닌 국무조정실 소속 기관이에요. 또한 정책 관련 일을 하지만, 공무원은 아닙니다. 연구 결과가 정책화되려면 정책의 실행 부처인 환경부의 역할이 중요하기에 환경부 및 정부 부처와의 협조를 매우 중요하게 생각하고 있어요. 하지만 연구의 결론이 항상 정부 부처나 현 정부의 기조에 맞는 쪽으로만 나오는 게 아니거든요. 우리 연구원의 많은 연구자가 환경 분야의 중요한 현안에 대해 연구자로서 양심과 직업윤리에 맞는 정책 대안을 제시합니다. 때로는 한 사람의 국민이자 전문가로서 다양한 경로를 통해 정부를 채찍질하는 목소리를 내기도 한다고 생각해요.

국립환경과학원 연구원이 되려면 어떤 과정을 거치나요?

일반 국가직 공무원 시험과 달리 국가 연구직 공무원이 되기 위해서는 먼저 응시 조건을 충족해야 합니다. 먼저 석사 이상의 학위를 소지하여야만 국가 연구직 공무원에 응시할 수 있죠. 제가 국립환경과학원에 들어올 당시에는 1차 서류 면접을 거친 후에 다음 단계로 영어시험을 치렀어요. 영어시험의 결과가 입사 당락에 아주 중요한 요소였습니다. 제가 응시했던 1997년 이후엔 IMF로 약 3년간 신규 채용이 없었어요. 그 후 모집공고에는 국내 석박사뿐만 아니라 해외의 석박사들까지 응시하면서 대부분 직원이 국내외 박사학위를 지니고 있답니다. 지금은 영어시험은 없어졌지만, 1차 서류전형으로 모집인원의 3배수를 뽑고, 2차 심층 면접을 통해 최종 합격자를 결정하는 과정을 거칩니다. 일반 공무원 시험처럼 매년 정기적으로 많은 인원을 뽑지 않아요. 그래서 이것만을 목표로 준비할 게 아니라, 석박사 과정의 학업을 계속하면서 도전해 보는 게 나을 거예요.

CHAPTER

| 3 |

예비 환경공학기술자 아카데미

환경공학기술자 관련 학과

환경공학과

학과개요

최근 이상 기온, 온난화, 산성비 등 환경오염이 심각한 문제로 대두되었습니다. 그만큼 환경을 보전하는 일이 중요해졌습니다. 환경공학과는 화학이나 생물학적 원리와 공학적 방법을 활용하여 환경오염의 측정, 처리 및 개선을 위한 방법을 배우는 곳입니다. 환경공학과는 환경공학 기술을 이용하여 삶의 터전을 보존하고 치료하는 분야에 종사할 전문 인력을 기르는 곳입니다.

학과특성

환경공학은 자연과학과 공학의 각종 지식과 기술이 융 · 복합적으로 요구되는 학문입니다. 따라서 여러 분야의 폭넓은 학습이 요구됩니다. 세계적으로 저탄소 녹색 성장이 중요해지고 우리나라도 발전함에 따라 앞으로 환경공학에 대한 관심도 높아지고 있습니다.

개설대학

지역	대학명	학과명
서울특별시	가톨릭대학교(성심교정)	환경공학전공
	가톨릭대학교(성심교정)	환경공학과
	건국대학교(서울캠퍼스)	녹지환경계획학과
	건국대학교(서울캠퍼스)	환경공학과
	건국대학교(서울캠퍼스)	사회환경공학부
	경희대학교(본교-서울캠퍼스)	환경학및환경공학과
	고려대학교	사회환경시스템공학과
	고려대학교	환경생태공학부
	광운대학교	환경공학과
	국민대학교	산림환경시스템학과
	동국대학교(서울캠퍼스)	바이오학부 환경생태공학전공
	동국대학교(서울캠퍼스)	사회환경시스템공학과
	상명대학교(서울캠퍼스)	공간환경학부
	서울과학기술대학교	환경공학과(환경정책전공)
	서울과학기술대학교	환경공학과(환경공학전공)
	서울과학기술대학교	환경공학과
	서울대학교	건설환경공학부
	서울대학교	조경·지역시스템공학부

지역	대학명	학과명
서울특별시	서울대학교	지구환경시스템공학부
	서울시립대학교	환경공학부
	성균관대학교	건설환경공학부
	성균관대학교	사회환경시스템공학과
	연세대학교(신촌캠퍼스)	건설환경공학전공
	연세대학교(신촌캠퍼스)	사회환경시스템공학부
	이화여자대학교	환경공학전공
	이화여자대학교	환경·식품공학부
	한국외국어대학교	환경학과
부산광역시	경성대학교	건설환경도시공학부
	경성대학교	환경공학과
	경성대학교	환경공학전공
	동서대학교	환경공학전공
	동아대학교(승학캠퍼스)	인간환경융합공학부 환경공학과
	동아대학교(승학캠퍼스)	환경공학과
	동아대학교(승학캠퍼스)	환경·에너지공학부 환경안전전공
	동의대학교	환경공학과
	동의대학교	화학환경공학부
	동의대학교	환경화학공학부
	동의대학교	환경공학전공
	부경대학교	생태공학과
	부경대학교	환경공학과
	부산가톨릭대학교	환경공학과
	부산대학교	환경공학전공
	부산대학교	지역환경시스템공학과
	부산대학교	사회환경시스템공학부 환경공학전공
	부산대학교	사회환경시스템공학부
	부산대학교	지구환경시스템학부
	부산대학교	지역환경시스템전공
	신라대학교	환경학과
	신라대학교	환경공학전공
	신라대학교	환경공학과
	한국해양대학교	물류·환경·도시인프라공학부 (환경공학전공)
	한국해양대학교	환경공학과
인천광역시	안양대학교(강화캠퍼스)	해양바이오공학전공
	인천대학교	건설환경공학부
	인천대학교	환경공학전공
	인천대학교	건설환경공학전공
	인하대학교	환경공학과
대전광역시	대전대학교	환경공학과
	대전대학교	환경공학전공
	충남대학교	환경공학전공
	충남대학교	환경공학과
	한국과학기술원	건설및환경공학과
	한밭대학교	환경공학전공
	한밭대학교	통합물관리학과
	한밭대학교	환경공학과

지역	대학명	학과명
대구광역시	경북대학교	응용생명과학부 환경생명화학전공
	경북대학교	환경공학과
울산광역시	울산대학교	건설환경공학부
	울산대학교	건설환경공학전공
광주광역시	광주과학기술원	지구환경공학부
	광주과학기술원	지구환경공학전공
	송원대학교	공간환경시스템공학과
	전남대학교(광주캠퍼스)	환경공학과
	전남대학교(광주캠퍼스)	건설지구환경공학부
	조선대학교	환경공학과
경기도	수원대학교	건설환경공학
	수원대학교	건설환경에너지공학부
	수원대학교	환경에너지공학
	수원대학교	환경공학과
	신한대학교(동두천캠퍼스)	기후환경에너지공학과
	아주대학교	환경안전공학과
	용인대학교	환경학과
	평택대학교	환경융합시스템학과
	평택대학교	ICT환경융합전공
	한경대학교	건설환경공학부
	한경대학교	환경공학전공
	한국산업기술대학교	환경안전경영학과
	한양대학교(ERICA캠퍼스)	건설환경플랜트공학과
강원도	가톨릭관동대학교	환경공학전공
	강원대학교(삼척캠퍼스)	환경방재공학전공
	강원대학교	지구환경공학부
	강원대학교	바이오자원환경학과
	강원대학교	환경공학전공
	강원대학교(삼척캠퍼스)	환경공학과
	강원대학교(삼척캠퍼스)	지구환경시스템공학과
	강원대학교	환경생물공학부
	강원대학교(삼척캠퍼스)	환경방재공학과
	강원대학교	바이오자원환경학전공
	강원대학교	환경학과
	강원대학교	환경융합학부
	강원대학교	환경공학과
	상지대학교	환경공학과
	연세대학교 미래캠퍼스(원주캠퍼스)	환경에너지공학부
	연세대학교 미래캠퍼스(원주캠퍼스)	환경공학부
	연세대학교 미래캠퍼스(원주캠퍼스)	환경시스템학전공
	연세대학교 미래캠퍼스(원주캠퍼스)	환경공학전공
충청북도	건국대학교(GLOCAL캠퍼스)	녹색환경시스템전공
	서원대학교	환경공학과
	세명대학교	바이오환경공학과
	유원대학교	건설환경방재공학과
	중원대학교	자원순환환경공학과
	청주대학교	환경공학과
	충북대학교	환경공학과
	한국교통대학교	건설환경융합공학과

지역	대학명	학과명
충청북도	한국교통대학교	건설환경도시교통공학부
	한국교통대학교	환경공학전공
충청남도	공주대학교	건설환경공학부
	공주대학교	환경공학과
	상명대학교(천안캠퍼스)	환경공학과
	선문대학교	환경공학과
	한서대학교	환경공학과
	한서대학교	항공환경전공
	호서대학교	환경공학전공
	호서대학교	환경공학과
전라북도	군산대학교	환경공학과
	군산대학교	사회환경디자인공학부
	원광대학교	건설환경계열
	전북대학교	환경화학공학부
	전북대학교	환경자원학부
	전북대학교	토목/환경/자원·에너지공학부 (환경공학전공)
	전북대학교	환경화학공학부(환경공학전공)
	전북대학교	환경공학과
	전북대학교	환경화학공학부(공업화학전공)
전라남도	목포대학교	환경공학과
	세한대학교	나노화학환경공학과
	순천대학교	환경공학과
	전남대학교(여수캠퍼스)	환경시스템공학과
경상북도	경주대학교	환경에너지전공
	경주대학교	환경에너지 · 방재학부
	금오공과대학교	환경공학전공
	금오공과대학교	환경공학과
	금오공과대학교	[화학소재]환경공학전공
	대구대학교(경산캠퍼스)	환경공학과
	안동대학교	환경공학과
	영남대학교	건설환경공학부
	영남대학교	환경공학과
	한동대학교	공간환경시스템공학부
경상남도	경남과학기술대학교	건설환경공과대학 계열
	경남과학기술대학교	환경공학과
	경상국립대학교	해양환경공학전공
	경상국립대학교	환경공학과
	경상국립대학교	해양환경공학과
	경상국립대학교	지역환경기반공학전공
	경상국립대학교	지역환경기반공학과
	인제대학교	환경공학과
	인제대학교	건설환경공학부
	인제대학교	환경공학부
	창원대학교	환경·화공시스템공학군
	창원대학교	환경공학과
제주특별자치도	제주대학교	환경공학과
세종특별자치시	고려대학교 세종캠퍼스(세종캠퍼스)	환경공학과
	고려대학교 세종캠퍼스(세종캠퍼스)	환경시스템공학과

환경과학과

학과개요

환경과학과는 현대의 과학과 산업의 발달에 비례하여 환경오염의 심각성이 증대되는 상황에서 이러한 환경문제에 대해 오염 현상의 실태 및 원인 파악과 대책을 수립하는 학과입니다. 환경과학과는 인간과 환경의 관계를 이해하며 환경문제의 평가, 계획, 개선 및 오염방지를 위해 이용되는 과학 지식과 기술력을 배양합니다. 또한 국토의 자연 및 생활환경 보전과 복원에 이바지할 수 있도록 환경문제 해결에 선도적 임무를 수행할 수 있는 유능한 인재 양성에 교육목표를 두고 있습니다.

학과특성

환경과학과에서는 크게 수질 오염, 대기 오염, 폐기물 처리 등을 다루기 때문에 환경오염을 둘러싼 측정, 모니터링, 평가, 정책 등의 일련의 주요 업무에 모두 연관된 중요한 학문이라고 볼 수 있습니다.

개설대학

지역	대학명	학과명
서울특별시	가톨릭대학교(성심교정)	환경생물학전공
	건국대학교(서울캠퍼스)	환경과학전공
	고려대학교	보건환경융합과학부
	고려대학교	지구환경과학과
	동국대학교(서울캠퍼스)	바이오환경과학과
	서울대학교	지구환경과학부
	세종대학교	지구환경과학전공/화학환경학부
	세종대학교	지구환경과학과
	세종대학교	지구환경과학전공/물리천문지구환경
	세종대학교	지구환경학전공
부산광역시	부경대학교	지구환경과학과
	부경대학교	환경대기과학과
	한국해양대학교	해양환경학과
대전광역시	충남대학교	해양환경과학전공
	충남대학교	해양환경과학과
	충남대학교	지구환경과학부
대구광역시	경북대학교	생태환경관광학부
	경북대학교	생태환경보전관광학부 (생태환경보전전공, 생태관광전공)
	경북대학교	생태환경보전관광학부 생태관광전공
	경북대학교	생태환경관광학부생태관광전공

지역	대학명	학과명
대구광역시	경북대학교	생태환경관광학부(생물응용전공)
	경북대학교	생태환경보전관광학부 생태환경보전전공
	경북대학교	생태환경관광학부생태환경전공
	경북대학교	생태환경관광학부 (생물응용전공,생태환경전공)
	계명대학교	지구환경학전공
	계명대학교	환경과학전공
광주광역시	전남대학교(광주캠퍼스)	지구환경과학부
강원도	강원대학교	지구환경과학과군
	강원대학교	에코환경과학전공
	한림대학교	기후변화융합전공
충청북도	건국대학교(GLOCAL캠퍼스)	친환경과학부
	충북대학교	지구환경과학과
전라북도	원광대학교	식품·환경학과
	전북대학교	과학기술학부(지구환경과학전공)
	전북대학교	생물환경학과
	전북대학교	산림환경과학과
	전북대학교	지구환경과학과
	전주대학교	환경생명과학과
전라남도	순천대학교	생물환경학과
경상북도	대구가톨릭대학교(효성캠퍼스)	환경안전학전공
	대구가톨릭대학교(효성캠퍼스)	환경과학전공
	대구가톨릭대학교(효성캠퍼스)	산업보건안전학부
	대구한의대학교(삼성캠퍼스)	소방안전환경학과
	안동대학교	지구환경과학과
경상남도	경상국립대학교	환경재료과학과
	경상국립대학교	지구환경과학과

환경공업과

학과개요

최근 산업이 고도화, 다양화, 전문화됨에 따라 환경 분야의 중요성이 더욱 커지고 있습니다. 환경공업과는 환경이 당면한 문제점들을 해결하기 위한 적극적인 사고와 도전 정신, 기술력을 갖춘 환경 전문 기술인을 양성하는 것을 목표로 합니다. 환경공업과에서는 지구를 안전하게 지키는 파수꾼으로서 사회에서 요구하는 다양한 환경 기술과 현장 실무 능력을 키우도록 합니다.

학과특성

온난화, 산성비, 미세먼지 등 환경문제는 세계적으로 이슈화되고 있으며 인류의 쾌적하고 건강한 삶을 위한 환경공업은 유망 분야로 주목받고 있습니다. 환경공업과는 환경산업을 발전시키기 위한 화학 및 생물학의 원리와 공학적 원리를 융합하여 환경오염의 측정, 처리, 개선을 위한 방법에 대해 주로 다룹니다.

개설대학

지역	대학명	학과명
인천광역시	인하공업전문대학	화공환경과
울산광역시	울산과학대학교	환경화학공업과
광주광역시	조선이공대학교	생명환경화공과
	한국폴리텍V대학 광주캠퍼스(광주캠퍼스)	그린건축과
경기도	경기과학기술대학교	화공환경과
	경기과학기술대학교	청정환경과
	경기과학기술대학교	청정환경공학과
	경복대학교	건설환경공학과
	동남보건대학교	바이오환경과
	수원과학대학교	환경산업과
	신안산대학교	환경과학과
	신한대학교(의정부캠퍼스)	도시환경관리과
강원도	강릉영동대학교	도시환경과
전라북도	원광보건대학교	환경과학과
전라남도	순천제일대학교	환경과
경상북도	서라벌대학교	그린산업기술과

기타 관련학과

공업화학과 , 화학공업과

출처: 커리어넷

환경공학 관련 학문

◆ 지질학

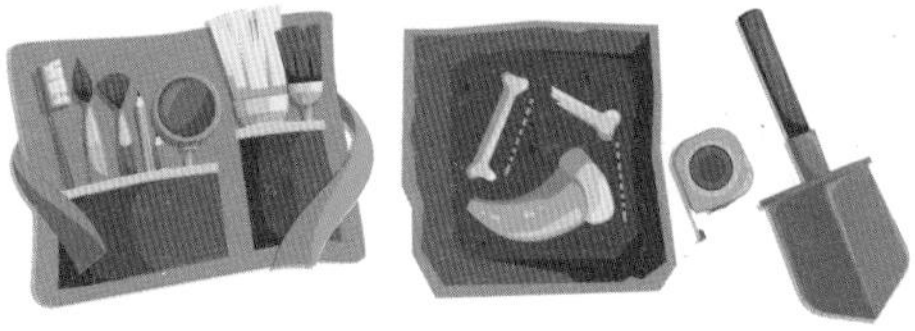

지질학(地質學, 영어: geology)은 지구를 이루고 있는 물질들과 이들 물질의 형성 과정과 지구의 역사, 그리고 지구에 생존하였던 생물들의 화석 따위를 연구하는 자연과학의 한 분야이다. 지질학의 연원은 고대 그리스의 학자 테오프라스토스(그리스어: Θεόφραστος, 기원전 371년~기원전 287년)가 저술한 Peri Lithon(그리스어: Περὶ λίθων, On Stones)까지 거슬러 올라가지만, 근대적 학문으로서 틀이 잡히기 시작한 것은 18세기에 들어서이다.

지질학과 직접 관련된 학문 분야로는 암석학, 광물학, 퇴적학, 고생물학, 광상학 등을 손꼽을 수 있으며, 주변 학문으로는 지리학, 화학, 물리학, 천문학을 들 수 있다. 근래에는 지구물리학, 지구화학과 통합되어가는 경향을 볼 수 있다.

◆ 토목공학

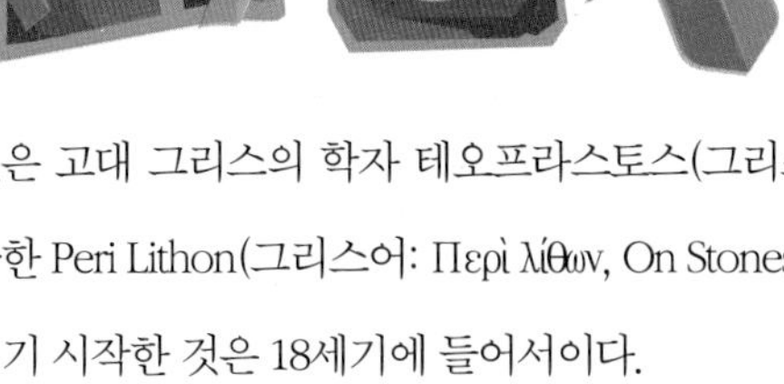

토목공학(土木工學, 영어: civil engineering)은 인류 문명 발달의 가장 기본이 되는 자연 및 사회의 각종 재해와 공해로부터 인류를 보전하며, 국토 환경을 물리적으로 개조하여 인간의 생활에 더 쾌적하고 유용하게 쓸 수 있도록 연구하고, 인간과 자연의 공존을 생각하고 기술과 인간의 조화를 현실화하여 인간 생활의 기반을 구축하고, 인류의 문명을 실현하여 사회를 유지하는 가장 기본적인 학문이다.

토목공학은 '설계, 건축, 시공' 등과 관련하여 일반적으로 거대한 건축물/조형물/시설을 만들어내고, 유지하는 모든 과학과 기술을 말한다.

화학공학

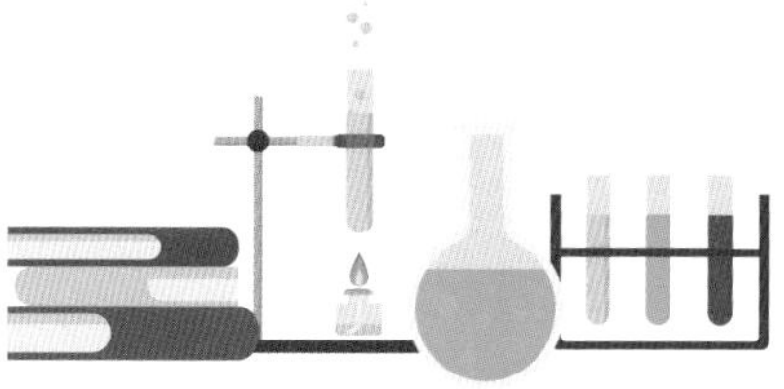

화학공학(化學工學; Chemical Engineering)은 어떤 원료물질에 화학적 변화를 일으켜 사람이 살아가는 데에 사용되어온 각종 물질을 대량으로 만드는 방법 및 그 이용에 관하여 연구하는 공학의 한 분야이다. 화학공학자의 일은 나노물질과 나노기술의 활용에서부터 화학물질과 에너지, 원자재, 미생물 등을 유용한 형태로 전환하는 대규모 산업에 이르기까지 다양하다. 화학공학자는 안전을 평가하거나 공정을 분석, 디자인하고 제어공학, 생명공학, 원자력 공학을 포함하는 플랜트 설계, 가동과 많은 측면에서 관련이 있다.

화학공학자는 일반적으로 화학공학이나 공정 공학을 전공으로 한다. 실무 기술자는 전문적인 자격 또는 전문단체의 공인된 회원자격을 가질 수도 있다.

생물학

생물학(生物學, 영어: biology)은 생명 현상과 살아있는 생명체의 물리적 구조, 화학적 과정, 분자적 상호작용, 생리적 메커니즘, 발생 및 진화에 관해 연구하는 자연과학이다. 과학의 복잡성에도 불구하고, 그것을 하나의 일관성 있는 분야로 통합하는 특정 공통 개념들이 있다. 생물학은 세포를 생명체의 기본 단위로, 유전자를 유전의 기본 단위로, 진화를 생물 종들의 출현과 멸종을 추진하는 수단으로 인정하고 있다. 살아있는 생명체는 항상성으로 정의되는 안정되고, 생명 유지에 필수적인 상태를 유지하기 위해 에너지를 변환시키고, 부분적으로 엔트로피를 감소시킴으로써 생존해 가는 개방계이다.

생태학

흔히 환경생물학이라고도 한다. 생태학을 요약하면 생태계(Ecosystem)를 연구하는 학문이다. 생태학이라는 술어는 1866년 독일의 헥켈(E. Haeckel)에 의해 처음으로 사용되었는데 그

뒤 1965년 코몬디(Kormondy)에 의해 집이나 거주지역을 의미하는 'oikos'가 학문을 의미하는 'logos'와 결합한 합성어로 생태학(ecology)이라는 말이 탄생하였다.

생명공학기술

생명공학기술(生命工學技術) 또는 바이오테크 놀로지(영어: biotechnology, BT)는 생물의 유전자 DNA를 인위적으로 재조합, 형질을 전환하거나 생체기능을 모방하여 다양한 분야에 응용하는 기술 즉, 생명 현상, 생물 기능 그 자체를 인위적으로 조작하는 기술이다. 생물체가 가지는 유전·번식·성장·자기제어 및 물질대사 등의 기능과 정보를 이용해 인류에게 필요한 물질과 서비스를 가공·생산하는 기술을 말한다.

의학

의학(醫學, 영어: medicine)은 인체의 구조와 기능을 조사하여 인체의 보건, 질병이나 상해의 치료 및 예방에 관한 방법과 기술을 연구하는 학문이다. 기초 의학, 임상 의학, 사회 의학 등으로 나뉠 수 있다. 현대 의학은 투약이나 수술과 같은 '임상 의학'뿐만 아니라, 해부학이나 병리학 등의 '기초 의학', 사회적 요인에 의한 건강 장애에 관심을 가지는 '사회 의학' 등 다방면의 분야를 아우르고 있다.

기타 환경공학에서 다루는 교과

수질 환경, 대기 환경, 토양 환경, 화학 폐기물, 소음 및 진동, 신재생 에너지

출처: 위키백과/ 한국민족문화대백과사전

다양한 환경문제

■ 지구 온난화

지구 온난화(地球溫暖化, 영어: global warming) 또는 기후 온난화는 온실효과로 인하여 19세기 후반부터 시작된 전 세계적인 바다와 지표 부근 공기의 기온 상승을 의미한다. 21세기 초부터 2018년까지 지구 표면의 평균 온도는 1980년에 비해 약 3분의 2가 넘는 0.93 ± 0.07 °C 정도 기온이 상승했다. 기후 온난화의 원인에 대해서는 아직 애매하나, 대부분 과학자는 90% 이상의 온실 기체 농도의 증가와 화석 연료의 사용과 같은 인간의 활동으로 발생한 것으로 추측하고 이러한 연구 결과는 모든 주요 산업 국가의 과학 연구 센터에서 인정받고 있다.

■ 오존층 파괴

오존층 파괴란 지상으로부터 15~30km 높이의 성층권에 있는 오존층의 오존이 파괴되어 그 밀도가 낮아지는 현상이다. 오존층 파괴를 일으키는 원인으로는 첫 번째로 프레온 가스(CFCs)에 의해서 파괴된다. 오존층이 프레온 가스(CFCs)에 의해 파괴된다는 사실을 알게 된 것은 1974년 모리나와 로우랜드 박사에 의해서다. 그는 성층권 오존이 프레온 가스(CFCs)에 의해 파괴된다고 발표된 후 11년이 지난 1985년에 영국 남극 조사팀의 관측 자료를 통해 프레온 가스는 오존 파괴의 주범으로 입증되었고 오존층을 파괴하는 원인의 두 번째로는 할론가스다. 할론가스도 오존층 파괴 물질로서 최근에는 규제대상 물질로

되어 있다. 할론 가스는 프레온 가스와 비슷한 물질로서 프레온 가스에 함유된 염소 대신 브롬이 함유되어 있다. 이 두 가지의 가스가 오존을 분해하는 촉매작용을 함으로써 오존층을 파괴하고 있다.

오존층이 파괴되면 오존층의 파괴에 의한 피해로는 인간의 건강에 대한 영향을 들 수 있다. 오존에 의하여 부분적으로 흡수되는 자외선의 파장 범위는 280~320nm입니다. 이 범위의 자외선은 UV-B로 알려져 있으며 피부 그을림, 시력 손상, 피부암, 피부주름 및 노화 등의 원인이 된다. 또한 오존층의 파괴에 의한 피해로 오존홀의 확대를 들 수 있다. 오존은 이산화탄소와 마찬가지로 온실기체다. 온실기체의 영향 이외에도 오존층 파괴로 인한 태양광선 침투의 증가는 지구 기온의 상승을 초래한다.

■ 산성비와 스모그

산성비(酸性비)는 공기 중에 있는 생명질이 비와 만나면서 결합하여 산성화된 비를 뜻한다. 산성비는 식물, 물속 생물, 그리고 건물에 해롭다. 산성비는 주로 대기 내에서 반응하는 산성을 생성하는 황과 질소 혼합물이 인간에 의한 방출로 유발된다. 근년의 많은 정부가 이들 방출을 감축하는 법을 도입하고 있다. 일반적으로, 비의 pH는 5.6 정도로 약산성이다. 화학물질과 결합한 비는 비의 산성도를 강화하고, 이런 산성비가 지면에 떨어질 때 건축물들을 녹이거나 강과 호수의 동물들을 죽일 수 있다.

스모그(영어: smog)는 대기 오염의 하나이다. 스모크(smoke)와 포그(fog)가 결합한 말로 원래는 연기와 안개가 섞인 것을 가리키는 말이었지만, 현대에 와서 대기 오염 물질로 하늘이 뿌옇게 보이는 현상을 부르는 말로 쓰이게 되었다. 자동차 배기가스나 화력 발전소·공장 등에서 나오는 대기 오염 물질 때문에 생긴다. 대도시에서 많이 생기지만, 바람에 실려 가서 다른 곳에 피해를 주기도 한다.

■ 사막화 현상

지구가 점차 건조하여 사막이 넓어지는 현상을 말한다. 국제연합의 정의에 따르면 사막화란, 토지가 생물 잠재 생산력의 저하 또는 파괴로 말미암아 마침내 사막 상태로 변하는 현상을 말하는데, 목장의 생산력이 저하되고, 건조 농업이 불가능해지며, 관개지가 물의 염수화로 쇠퇴하고, 다른 형태로 토양의 생산력이 저하한다. 지리학적으로 사막이란 강수량이 적은 데 반해, 증발량이 많아 초목이 거의 자랄 수 없는 불모의 토지로 정의되나, 식물이 전혀 살 수 없는 사막은 드물고, 보통 풀과 관목은 자라지만 아주 드문 상태를 말한다. 국제연합(UN)의 정의에 의하면, 사막화란 토지의 잠재된 생물 생산력이 저하되거나 파괴돼 그 결과 사막으로 변해 가는 현상을 말한다. 구체적으로는 목장의 생산력이 떨어지고, 건조 농업이 불가능하게 되며, 관개지가 물의 염해로 못쓰게 되거나 토양의 생산력 저하를 초래하게 되는 것이다. 근래 세계의 사막이 점차 확대되고 있는데, 이러한 사막화 현상은 자연의 기후변화에 기인하는 것 외에 사막 주변의 수목 벌채나 경지화의 진행 등에 의해서도 인위적으로 조장되고 있는 경향이 있다. 국제연합은 1977년 케냐의 나이로비에서 UN 사막 회의를 개최하여 사막화 방지에 관해서 검토하고 세계적인 규모로 방지책을 추진하기에 이르렀고, 기상이변, 산림황폐 등으로 심각한 한발 및 사막화의 영향을 받는 국가들의 사막화 방지를 통한 지구환경 보호를 목적으로 1996년 사막화방지협약이 채택되어 2000년 2월 현재 우리나라를 포함한 161개국이 가입하고 있다.

■ 생물종 다양성의 감소

경제협력개발기구(OECD)에서 발표한 '2050년 환경전망(2011)'에 따르면 지난 40년간 생물종 풍부도는 11% 감소하였다. 2050년에 약 10% 감소할 것으로 예측되며 생물종 멸종은 인간 활동이 없을 때보다 약 1,000배 빠르게 진행된다. 그리고 기온이 1℃ 상승하면 생물종의 30%까지 멸종될 수 있고 3℃ 이상 상승하면 심각한 멸종위기가 올 수 있다.

우리나라의 경우 최근 고유 수종인 구상나무의 고사목 증가 등의 기후변화 영향이 많이 보고되고 있다. 뉴트리아, 큰입배스, 붉은귀거북 등은 우리나라에 유입되어 정착한 대표적인 외래종들로서 기후변화로 인해 이들이 전국으로 퍼져 생태계 교란 문제를 더욱 심화시킬 수 있다. 따라서 현재 수준으로 기후변화가 계속되는 경우(RCP8.5), 온도 상승만으로도 21세기 말 최대 10%까지 우리나라 생물이 멸종할 수 있다. 기후변화로 인한 서식지 악화와 외래종의 확산까지 더해지면 그 피해는 몇 배 이상 커질 것으로 보고 있다.

■ 물 부족 문제

물 부족(不足)은 수분 스트레스(water stress)와 물의 위기를 모두 아우르는 용어이다. 수분 스트레스의 개념은 상대적으로 새로운 것으로, 자원 고갈로 말미암아 이용 가능한 신선한 수원(水源)을 얻기 어려운 것을 뜻한다. 물의 위기는 오염되지 않은 마실 수 있는 물이 어느 지역의 수요에 미치지 못할 때의 상황을 말한다. 모든 대륙에 영향을 미치며 2019년 세계 경제 포럼에 의해 앞으로 10년간 잠재적인 영향도 면에서 최대의 세계 위험들 가운데 하나로 나열되었다. 전 세계 인구의 1/3(20억 명)이 한 해에 적어도 1개월 동안 심각한 물 부족 속에서 살아간다. 전 세계 5억 명의 사람들은 1년 내내 심각한 물 부족 현상을 경험한다. 전 세계 최대 도시 중 절반이 물 부족을 경험한다.

■ 대기 오염

대기 오염(大氣 汚染, air pollution)은 인간 활동으로 인한 대기상의 환경오염을 말한다.

공장의 매연, 자동차의 배기가스로 인하여 도심에서는 대기의 오염이 더욱 심해지고 있다. 자동차 배기가스의 오염에 대하여 최근에 시선을 끄는 것은 자동차에 의해 일어나는 미세먼지가 점차 감소하고 있다는 점이다. 이것은 자동차 부속품의 성능향상과 도로포장이 잘 되어 있기 때문이다. 그러나 일산화탄소·질소화합물 등은 오히려 해마다 증가하고 있어, 이것은 도심의 대기 오염의 규모가 점차 악화하고 있음을 말해 주고 있다.

■ 수질오염

수질오염(水質汚染, 영어: water pollution)이란 인간의 활동 결과 발생한 폐수가 호수, 강, 해양, 지하수 등에 유입되어 수질이 저하되는 걸 의미한다.

자연적으로도 화산 폭발, 조류(藻類), 폭풍, 지진도 수질과 물의 생태에 영향을 주지만, 물이 '오염되었다'는 것은 주로 물을 사용하려는 용도로 이용할 수 없는 상황에 해당한다. 수질오염은 직접·간접적으로 인간의 건강과 생활 환경의 수준을 낮추어 수산업 등의 피해를 발생시키는 원인이 된다. 현대에서는, 피해가 현저하지 않아도 자연환경에 악영향을 줄 우려가 큰 현상도 포함된다

■ 토양오염

토양오염은 금속 유해 폐기물이나 건설 폐기물이 흙 표면이나 지하에 버려지거나 대기 중의 오염물질이 지상에 떨어져 생긴다. 그중에서도 전 세계적으로 문제가 되는 것은 산성비에 의한 토양의 산성화이다. 산성비는 식물에 직접적으로 피해를 주는데, 간접적으로도 피해를 초래한다. 토양에 내린 산성비는 토양 속의 칼슘, 마그네슘, 나트륨 등의 금속과 이온이 결합하여 중화된다. 이들 금속 이온이 소비되어도 하층의 암반에서 보급된다. 그러나 그 보급이 막히면 수목은 영양 부족으로 약해지며, 병충해가 생길 우려가 커진다. 이와 같은 경우 산성비가 원인이라는 것은 결코 간과할 수 없다. 송충이로 인한 피

해도 그 배경에는 산성비 등의 대기오염 때문이라고 할 수 있다. 토양 속에 축적되기 시작한 은 금속과 반응을 일으키기 시작하여 알루미늄이온 등이 녹아 나온다. 그렇게 흘러나온 알루미늄 이온은 모근의 끝부분을 상하게 하여 식물을 도와주는 미생물까지 죽여 버리기 때문에 수목은 급속도로 약해진다. 산성비 외에도 각종 화학비료의 과다한 사용과 농약의 사용, 각종 가축의 배설물에 의한 오염 등이 있다.

■ 해양오염

해양오염(海洋汚染, 영어: marine pollution) 또는 바다 오염은 해양에 화학물질 또는 작은 조각(먼지)들이 들어가 일으키는 해로운 효과를 말한다. 해양오염이 문제가 되는 것은, 잠재적인 독성 화학물질이 작은 입자들에 들러붙어 플랑크톤, 바다 밑의 생물들에 흡수된다는 것이다. 이들 중 대부분은 가라앉거나 먹이사슬을 따라 위쪽으로 집중된다. 또한, 많은 동물 사료에는 생선과 생선 기름이 포함되므로, 독성은 수 주 후에는 가축으로부터 얻어지는 가공식품이나 낙농 제품에서도 나타날 수 있다. 여기에는 고기, 달걀, 우유, 버터, 마가린 등도 포함된다.

■ 방사능 오염

방사능 오염(放射能汚染, 영어: radioactive contamination, radiological contamination)은 의도하지 않거나 바람직하지 않게 방사성 물질이 인체를 포함한 고체, 액체, 기체의 내부나 표면에 축적 또는 존재하는 것을 말한다. 이러한 오염은 오염물의 방사성 붕괴로 위험을 일으키는데, 붕괴 시 알파(α), 베타(β) 입자나 감마(γ)선 또는 중성자와 같은 해로운 이온화 방사선을 방출하기 때문이다. 위험의 정도는 오염물질의 농도, 방출되는 방사선의 에너지, 방사선의 종류, 오염물질이 인체에 얼마나 가까운지에 따라 결정된다. 오염으로 인하여 방사선 위험이 생겨나며, '방사선'과 '방사능 오염'은 서로 구별된다.

방사능 오염은 사람, 장소, 동물, 또는 옷과 같은 물체에 영향을 줄 수 있다. 대기의 핵무기 발사 또는 원자로 격납 건물의 파괴에 이어 핵연료와 핵분열 생성물에 의해 부근의 공기, 흙, 사람들, 식물, 동물들이 오염된다. 질산, 우라늄 같은 방사성 동위 원소를 실수로 흘리면 바닥과 흘린 것을 닦는 데 사용된 헝겊들이 오염될 수 있다. 널리 퍼진 방사성 오염의 예로는, 비키니 환초, 미국 콜로라도주의 로키 플라트 공장, 후쿠시마 제1 원자력 발전소 사고, 체르노빌 원자력 발전소 사고, 러시아의 마야크 재처리 공장 주변 지역 등이 있다. 방사성 물질이 핵연료 재처리에 의한 상용화를 위해 회수되지 않는 이상, 오염을 청소하면 방사성 폐기물이 생겨난다. 넓은 영역이 오염된 경우, 오염은 오염된 물질들을 콘크리트, 흙, 또는 돌로 묻거나 덮어 그 이상의 오염의 주변 환경으로의 확산을 막기도 한다. 사람의 신체가 음식물의 섭취나 부상에 의해 오염되면, 표준적인 제독으로는 그 이상 오염을 줄일 수 없으며, 영구히 오염될 수 있다.

■ 소음·진동

소음 공해(騷音 公害, 영어: noise pollution, noise disturbance)는 사람과 짐승의 삶에 있어서 행복과 활동을 혼란하게 만드는 불쾌한 소리이며 사람이나 기계가 만들어낸다. 일반적인 소음 공해는 주로 자동차와 같은 교통에서 비롯된다.

소음의 전도도 소리의 크기와 같은 명칭인 폰을 단위로 해서 나타내는데, 내용 면에서 소리의 크기와는 분명히 다르다. 소음은 생활에 불필요한 시끄러운 소리, 방해가 되거나 해로운 소리를 말하는데, 이것은 인간의 기분이나 상태에 따라 다르므로 확실한 정의는 없다. 어쨌거나 귀의 고막에 너무 강한 자극은 불쾌하므로 소음의 정도는 사람의 고막을 자극하는 힘에 상응하는 양으로 측정된다. 특히 진동수의 구별을 하지 않고 순간 또는 일정 시간 내의 평균력을 국제 규격으로 만든 지시 소음계로 특정한다. 그 지침의 판도 단위가 폰으로서, 그 양을 소음 레벨이라고 한다. 소음 레벨은 소리의 크기와 거의 같다고 생각할 수 있다.

■ 악취

냄새는 일반적으로 매우 낮은 농도의 하나 이상의 휘발성 화합물에 의해 발생하여 사람이나 다른 짐승이 후각에 의해 지각하는 것을 말한다. 여기서 악취는 황화수소, 메르캅탄류, 아민류, 기타 자극성 있는 기체류가 인간의 후각을 자극하여 주는 불쾌감, 혐오감을 주는 냄새로 정의된다.

■ 빛공해

빛공해(light pollution)는 인간에 의해 발생한 과잉 또는 필요 이상의 빛에 의한 공해(公害)를 말한다. 밤하늘이 밝아지면 생태계를 교란하고 건강에 해를 주며, 도시인들이 보는 별빛을 흐리고 천문대의 관측을 방해한다. 에너지 낭비의 원인이 되기도 한다. 빛 공해는 산업화로 인한 부작용 중 하나이며, 고도로 공업화되어 인구가 밀집한 곳일수록 심각하다. 1980년대 이후로 전 지구적으로 빛 공해를 줄이려는 별하늘 찾기 운동이 등장하였다.

출처: 산림청/ 기상청/ 위키백과

국내 환경공학의 역사

우리나라에 환경공학이 도입되기 시작한 시기는 대체로 1960년대 후반기였지만, 그것이 독자적인 기반을 갖기 시작한 것은 1970년대 후반기부터이다. 1960년대 후반기는 우리나라에서 아직 환경오염이 심화하지 않았고 따라서 환경보전에 관한 인식도 희박한 시기였지만, 1970년대 후반기는 그러한 상황이 크게 달려져 주변으로부터 환경공학의 필요성을 인정받은 그러한 시기였다. 그러한 추세와 관련하여 환경공학과의 전신인 위생공학과가 1966년에 동아대학교에 처음으로 설치되었고, 이어서 1974년에 서울시립대학교에 설치되어, 오늘날의 환경공학 내용을 그 교과과정으로 채택하였다. 그 후 1980년에 서울시립대학교가 위생공학과라는 명칭을 버리고 처음으로 환경공학과라는 명칭을 사용한 뒤로, 여러 대학교에 환경공학과가 설치되었다. 그리고 그에 앞서 1978년에 대한환경공학회가 창립되었다.

환경공학은 토목공학으로부터 파생된 학문이다. 토목공학의 내용에는 원래부터 상하수도공학이 포함되어 있었는데, 그 후 그것이 위생공학으로 격상되었다. 위생공학에서는, 수리학(水理學)을 기초로 하던 그전의 상하수도공학으로부터 탈피하여, 화학·미생물학·반응공학 등을 응용하는 용수처리(用水處理) 및 하수처리(下水處理) 분야를 좀 더 상세하게 다루었다. 아울러 고형폐기물처리·산업폐수처리까지도 그 범위 내에 포함하였다. 그 후 위생공학이 다시 환경공학으로 격상되었는데, 둘의 차이는 앞엣것이 공중위생을 위한 공학인 데 반하여, 뒤엣것은 생활환경 보전을 위한 공학이라는 점이다. 즉, 공중위생을 포함한, 그리고 그것보다 더 넓고 더 높은 환경보전 차원의 공학인 셈이다. 따라서 오늘날의 환경공학은 상하수도계획·용수처리·하수처리·산업폐수처리·수질관리·고형폐기물처리·독성폐기물처리·대기오염방지공학·방사능오염방지공학 등을 그 영역에 포함하고 있다.

지금의 환경부의 전신인 환경청은 1980년에 발족하였다. 환경공학과는, 1980년에 서울시립대학교에서 처음 시작한 후로 국내 여러 대학교로 확산하여 이제는 거의 모든 4년제 대학교에 설치되어 있다. 1998년도의 현황을 보면, 87개소의 4년제 대학교에 환경공학과 및 유사학과가 설치되어 있고, 그중 61개소에 대학원 과정이 개설되어 있다. 그리고 55개소의 2년제 대학에 환경공업과 및 유사 과가 설치되어 있다.

환경공학 분야의 학회로는 대한환경공학회(1978년 설립, 초대회장 金東玟) 외에, 한국대기환경학회(1983, 姜龍植), 한국폐기물학회(1983, 李承務), 한국물환경학회(1985, 洪淳佑) 등이 있다. 그 외의 모든 기술 분야 학회에서도 환경공학 분야의 연구를 부분적으로 또는 그 이상으로 취급하고 있다. 그리고 학회와 마찬가지로, 거의 모든 기술 분야의 연구소에서 환경공학 분야의 이론연구나 기술개발을 관장 내지는 수행하고 있다.

21세기에는, 지구를 환경오염으로부터 안전하게 지키고 인류의 번영을 지속시키기 위한 환경오염 방지기술에의 기대가 더 증대될 것이므로, 환경공학이 극복해야 할 도전도 한층 더 증대될 것이다.

출처: 한국민족문화대백과사전

환경을 지켜주세요

1. 자가용보다는 대중교통을 이용하세요

도시의 대기 오염 배출원 1위는 노후 경유 차량. 노후 경유차에서 배출하는 미세먼지가 스모그로 이어지면서 사람의 건강을 해치고 지구를 파괴합니다. 노후 경유차는 친환경 전기차로 바꾸고, 가까운 거리는 도보로, 혼자 이동할 때는 자가용보다 대중교통을 이용하는 것이 좋습니다. 교통수단별 이산화탄소 배출 계수를 살펴보면 여객기, SUV, 중형차, 고속철도, 고속버스 순서로 많이 발생합니다. 같은 거리를 이동해야 한다면 이산화탄소 배출 계수를 고려해 온실가스 배출을 최대한 줄일 수 있는 교통수단을 활용하는 것이 좋죠. 또 하나의 팁! 운전할 때 시속 10㎞ 더 천천히 몰면 연료를 최대 12%까지 절약할 수 있습니다. 당연히 오염 배출도 줄어듭니다.

2. 탄소포인트제에 동참하세요

탄소포인트제는 정부가 온실가스 감축 및 저탄소 녹색성장에 대한 시민의식과 참여 확대를 위해 도입한 제도입니다. 100만 세대가 이 운동에 동참해 1가구당 1㎾씩 절약할 때 원전 1개에서 생산하는 전력(1GW=100만㎾)을 아끼는 효과가 있죠. 에너지(전기, 수도, 가스) 절약 시 환경부 및 각 지방자치단체에서 감축량을 선정해 탄소 포인트(현금, 상품권, 지역화폐, 그린카드)를 제공합니다. 에너지 절약을 통해 받은 인센티브로 태양광발전시스템 설치 등 친환경 활동에 동참할 수 있습니다.

3. 세탁도 친환경적인 방법이 있습니다

세탁망을 활용하면 세탁 시 발생하는 미세섬유를 걸러내 수질오염을 방지할 수 있습니다. 전기 사용량이 많지 않은 시간대를 택해 세탁기를 돌리는 것이 좋고, 섬유유연제는 수질오염의 1등 공신으로 필요할 때만 사용합니다. 유연제 대신 식초를 소량 넣으면 의류와 세탁기 살균에도 효과적입니다. 세탁기는 가능한 저온수에서, 탈수 횟수를 적게 할수록 환경에 좋습니다.

4. 욕실에서의 작은 실천이 중요합니다

양치할 때는 양치 컵을 사용하고, 수도꼭지를 틀어 놓은 채 세수하지 않습니다. 샤워 시간을 줄이는 것도 좋은 방법. 샤워 시간을 1분만 줄여도 12L의 물을 절약할 수 있습니다. 물을 채운 물병을 변기 수조에 넣으면, 변기를 내릴 때 물 사용량을 줄일 수 있습니다.

5. 식기세척기를 활용하면 좋아요

식기세척기는 물을 절약할 수 있는 가장 손쉬운 방법입니다. 식기세척기는 9~12L의 물을 소비하는 반면, 손 설거지는 최대 40L의 물을 사용합니다.

6. 요리할 때 뚜껑을 덮어주세요

요리할 때 냄비나 팬의 뚜껑을 덮습니다. 전기나 가스 사용량을 최대 4배까지 감소시킬 수 있죠. 일주일 치 식단을 미리 계획하고, 한 주 동안 먹을 음식을 미리 요리해 소분해 놓으면 버리는 음식도 줄일 수 있습니다.

7. 중고거래를 생활화하세요

환경을 보호하는 가장 쉬운 방법은 불필요한 물건을 구매하지 않는 일입니다. 중고거래 앱을 이용해 사용하지 않는 의류, 서적, 가구는 되팔거나 나누는 일에 동참합니다.

8. 냉장고로부터 음식을 구해 주세요

낮은 온도에서 보관하면 상태가 오히려 안 좋아하지는 식재료가 있습니다. 또 냉장고에 지나치게 오래 보관하다가 버리게 되는 식재료도 많습니다. 감자, 사과는 빛이 차단되면서도 통풍이 잘되는 뚜껑 달린 바구니에 함께 넣어 보관하면 오래 먹을 수 있습니다. 4인 가족 기준 음식물 쓰레기를 20%만 줄여도 연간 온실가스 144kWh를 절약할 수 있습니다. 이는 냉장고 3.3개월을 사용할 수 있는 에너지입니다.

9. 전자제품을 살 때는 충분히 생각하세요

전자 폐기물은 세계적으로 급증하고 있는 고체 쓰레기의 일부를 차지합니다. 쓰레기 매립지는 수은, 리튬, 납 같은 유해 물질이 있는 전자 폐기물로 골머리를 앓고 있죠. 휴대전화, 프린터, 컴퓨터 등 대부분 전자제품은 재활용할 수 있지만, 전자 폐기물로 재활용되고 있는 사례는 극히 적습니다. 신제품을 구매할 때는 꼭 필요한 물건인지 신중하게 고민할 필요가 있습니다.

10. 재활용이 가능한 포장재는 반납하세요

종이상자, 아이스팩 등 재활용 포장재를 수거하는 운동에 참여해 보는 건 어떨까요. 택배 상자, 스티로폼 상자는 칼보다는 손으로 테이프를 뜯어 재사용할 수 있도록 수거 업체에 반납합니다.

11. 리필상품을 구매하세요

손 세정제, 샴푸, 섬유 세제 등을 구매할 때 플라스틱 용기가 필요하지 않다면 리필제품을 구매합니다. 물티슈를 구매할 때도 되도록 플라스틱 캡이 없는 리필제품을 사용합니다.

12. 육식보다는 채식이 좋아요

축산업에 사용되는 토지의 양은 전 세계 토지의 50%입니다. 열대우림이 조성되는데 2000~3000년이 필요하지만, 공장식 축산업을 위해 밀림이 파괴되는 데는 불과 25년밖에 걸리지 않습니다. 소고기 1kg

을 생산하는 데 물 1만 6,000L 소모됩니다. 곡물인 쌀 1kg에 3,400L인 데 비해 5배에 해당하는 물 소모량입니다. 일주일에 하루를 채식하면 자동차 450만 대가 멈추는 효과가 있습니다.

13. 고체 샴푸를 이용하세요

액체 샴푸 속 계면활성제는 고분자물질입니다. 고분자물질은 미생물에 의한 분해가 어려워 수질오염에 악영향을 미칩니다. 액체 샴푸 대신 고체 샴푸를 쓰면 화학 계면활성제의 '소듐라우릴설페이트'가 제외돼 두피 보호는 물론 환경에도 좋습니다. 고체 샴푸는 비누 받침이나 망에 넣어 보관할 수 있어 플라스틱 용기 사용까지 줄일 수 있습니다.

14. 빨대는 거절하고 빈 용기를 챙겨주세요

음식을 포장하러 식당에 방문할 때는 빈 용기를 챙깁니다. 불필요한 쓰레기를 줄이는 가장 바람직한 방법이죠. 음료를 마실 때는 빨대를 사용하지 않고, 텀블러를 챙깁니다. 텀블러가 없을 때는 공용 컵을 활용하는 카페를 이용합니다.

15. 아이스팩을 토양 보수제나 디퓨저로 재사용합니다

아이스팩은 고흡수성 수지(SAP)로 만들어져 물에 녹지 않으며 다량의 수분 흡수가 가능합니다. 미세플라스틱 충전재인 이 물질을 하수구, 변기에 버리면 해양오염을 유발하고 그곳에 서식하는 생물의 목숨을 위협합니다. 출장, 여행 등으로 집을 오래 비워야 한다면 아이스팩을 화분의 토양 보수제로 활용해 보는 것도 좋습니다. 화분에 물을 충분히 준 후 아이스팩 충전재로 흙을 덮어주면 일주일 정도 물을 주지 않아도 촉촉한 상태를 유지할 수 있습니다. 또 재활용 플라스틱 컵에 아이스팩 충전재를 담고 좋아하는 향수나 허브 오일을 뿌려주면 디퓨저로 사용할 수 있습니다. SAP가 수분을 오래 머금어 향기를 오랫동안 퍼뜨려 줍니다.

16. LED 조명이 에너지를 줄여요

LED 조명은 일반 조명보다 가격이 높은 단점이 있지만, 에너지 소비량이 25~85% 정도 낮고, 지속력이 3~25% 정도 높기에 장기적으로 비용을 절약하고 환경을 보호할 수 있습니다.

17. 의약 폐기물은 반드시 분리수거하세요

대부분 조제약에는 각종 화학적 합성 물질이 있으므로 약을 일반 쓰레기로 버리면 토양오염은 물론 슈퍼 박테리아 같은 세균과 바이러스가 생겨날 수 있습니다. 유통기한이 지난 약은 반드시 주변 약국에 설치된 의약품 분리수거함에 배출합니다.

18. 전자 영수증을 적극 활용하세요

종이 영수증으로 인한 자원 낭비를 줄이기 위해 식당, 마트 등에서 종이 영수증을 거절합니다. 전자 영수증 발급이 가능한 곳이라면 판매원이 영수증을 출력하기 전에 미리 "종이 영수증을 받지 않는다." 라고 말합니다..

19. 플라스틱 방앗간 프로젝트에 참여하세요

현재 바다에 있는 플라스틱 쓰레기는 1억 5,000만t, 매년 바다에 유출되는 플라스틱 쓰레기는 800만t 이고 플라스틱 쓰레기가 썩는 데 걸리는 시간은 500년입니다. 서울환경운동연합에서는 '플라스틱 방앗간' 프로젝트를 운영하고 있습니다. 집에 있는 플라스틱 쓰레기를 보내주면 플라스틱을 분쇄해 새로운 제품의 원료로 사용합니다. 재활용이 안 되는 플라스틱 쓰레기를 줄이고 업사이클링 제품도 만들 수 있습니다.

출처: Hyundai E&C Newsroom

세계의 환경단체

지구의 벗

지구의 벗(地球-, Friends of the Earth (International), FOEI)은 1969년 9월 데이비드 블로워(David Brower)가 미국 샌프란시스코에서 설립한 환경단체다.

지구의 벗은 1969년 데이비드 블로워가 원자력 발전소의 건설에 반대하기를 주저하는 시에라 클럽에서 탈퇴하여 만들어졌다. 지구의 벗은 1971년 미국, 스웨덴, 영국, 프랑스의 대표단의 모임으로 국제적인 네트워크가 되었다. 지구의 벗은 현재의 경제 모델과 기업의 세계화에 대해서 문제를 제기하고 환경 면에서 지속 가능한 사회를 창조하자는 운동을 수행하고 있다. 많은 비정부기구가 국제적으로 운영되는 데에 비하여, 지구의 벗은 밑으로부터 조직되어 많은 국가와 지역의 단체들의 연합체이다.

각 국가는 별도의 조직을 가지고 그들의 캠페인과 활동을 수행하고 있으며, 지구의 벗의 우산 아래 활동하고 있다. 지구의 벗의 집행위원회는 각 국가의 단체들의 선출된 대표로 구성되어 있으며 정책을 수립하고 사무국의 운영을 감독한다. 지구 온난화 방지, 산림보존, 생물다양성의 보존 등 다양한 분야에서 활동한다. 지구의 벗은 전통적인 자연보호를 넘어서서 지속적인 발전과 경제에 대해서 문제를 제기한다. 본래 북미와 유럽에서 시작한 이 운동은 개발도상국에서도 많은 참여로 폭을 넓혀가고 있다. 또한, 인권 보호(human rights)에도 힘쓰고 있다.

그린피스

그린피스(Greenpeace)는 1970년에 결성된 반핵(反核) 단체로 '해일을 일으키지 말라 위원회'(Don't Make a Wave Committe)를 모태로 하여 1971년 캐나다 밴쿠버 항구에 캐나다와 미국의 반전운동가, 사회사업가, 대학생, 언론인 등 12명의 환경보호운동가들이 모여 결성한 국제적인 환경보호 단체이다. 초기에는 핵실험 반대 운동 중심이었지만, 현재는 유전자조작 콩과 옥수수, 고래 사업 반대 등등의 다양한 운동을 하는 세계 환경단체 중 하나이다.

국제 민간 환경보전단체로서 해안 기름 유출, 핵실험, 방사능폐기물 바다 투기와 같은 자연환경을 위협하는 행위에 비폭력으로 맞서고 있다. 또 고래잡이, 핵무기의 확산, 사냥, 오염, 서식지 파괴 같은 야생생물의 위협 요소에 대해서도 반대하고 있다. 그린피스 회원은 직접적이고 비폭력적인 방법으로 항의하는데, 환경에 해가 되는 행위가 벌어지는 장소로 가서, 폭력을 사용하지 않고 그 행위를 중지시키고자 애쓴다.

세계자연보호기금

세계자연기금(World Wide Fund for Nature, 약칭 WWF)은 스위스에 국제본부를 둔 세계 최대 규모의 국제 비정부 자연보전 기구로, 전 세계 약 100여 개국에 500만 명 이상의 회원들이 글로벌 네트워크를 통해 함께 활동하고 있다. 멸종위기종 보전을 주목적으로 1961년 설립된 WWF는 인류와 자연이 조화를 이루며 사는 미래를 만드는 것을 궁극적인 목표로 현재 해양, 기후·에너지, 담수, 산림, 식량, 야생동물에 이르기까지 전 지구의 자연을 아우르는 종합적인 보전 활동을 펼치고 있다.

세계적으로 영향력 있는 WWF는 2014년 공식적으로 한국 법인인 WWF-Korea(세계자연기금 한국본부)를 설립하였으며, 1600+ 판다와 어스아워(Earth Hour/지구촌 전등 끄기) 등 대중이 자연보전에 관심을 가지고 함께 참여할 수 있는 다양한 캠페인을 비롯하여, 해양 보전과 기후·에너지 이슈에 집중한 프로그램을 운영하고 있다.

액션포네이쳐

액션포네이쳐 (Action For Nature) Action For Nature는 세계적인 환경단체 중 하나이다. 1982년에 시몬이라는 환경운동가가 설립했으며, 시몬 씨가 이탈리아에 살면서 그는 누군가가 자신이 아끼는 참새아목들을 사냥한다는 걸 알게 되면서 그들이 누군지 찾게 된다. 사람들은 그의 활동을 알게 되고 그의 캠페인(Assisi Bird Campaign)을 적극적으로 도우며 몇 년 뒤 참새아목들을 살리게 된다. 하지만 시몬 씨는 이것으로 멈추고 싶지 않았다. 그래서 그는 단체의 이름을 바꾸면서 지금까지 Action For Nature로 환경 활동에 앞서고 있다. Action For Nature는 세계적으로 아이들을 위한 환경교육을 하고 있으며, 환경에 관련된 뉴스레터를 내보내기도 한다. 또한, 매년 Eco-Hero Awards라는 대회를 개최하는데 이 대회는 세계적인 청소년 환경운동가들이 자신의 활동 및 보고서를 제출하여 10여 명 안팎의 청소년 환경운동가 대표들을 뽑아 상을 수여하고 매년 미국의 샌프란시스코 본사에서 모여 서로의 시상식과 서로의 환경 운동에 관해 이야기할 기회를 얻는다.

유엔환경계획

유엔 환경 계획(United Nations Environment Program) 또는 '국제연합환경계획'은 환경에 관한 유엔의 활동을 조정하는 기구이다. 약칭은 유네프(UNEP)이며, 때로는 '유넵'이라고 칭한다.

1972년 스웨덴의 스톡홀름에서 열린 《유엔인간환경회의》의 결정에 따라 1973년에 설립되었으며, 케냐의 나이로비에 본부를 두고 있다. 환경과 관련된 다른 국제기구나 국가에 경비와 기술 인력을 지원해 환경보전 활동에 도움을 주는 것을 목적으로 한다. 유엔환경계획은 유엔 기관으로 환경에 관한 제반 활동을 종합적으로 조정, 지휘하고, 새로운 문제에 대한 국제 협력을 추진하는 것을 목적으로 하고 있다.

또한 많은 국제 환경 협약의 협상을 개최하여 성립시켜왔다. 《몬트리올 의정서》의 사무국을 맡고 있으며, 《워싱턴 조약》, 《본 협약》, 《바젤 협약》, 생물 다양성 협약 등 협약의 관리도 하고 있다. 《천연 자원부》, 《지속 가능한 생산과 소비부》, 《세계화부》 등 5 부서로 나뉜다. 개발도상국에 본부를 둔 최초의 유엔기구이다.

국제환경협약

국제환경협약(國際環境協約, International Convention on Environment)은 환경을 보호하기 위해 체결되는 양자간, 다자간 국제협약이다. 주로 지구적 차원의 환경을 보전하기 위한 국가별 의무 또는 노력을 규정하고 있다.

환경문제는 이제 한 지역이나 한 국가의 문제가 아니라, 지구 전체의 문제가 되고 있다. 오존층의 파괴, 온실효과로 나타나는 기후 변화, 생물 종의 감소 등은 대표적인 지구 환경문제이다. 이에 따라 국제환경분쟁이 많이 발생했으며, 이를 해결하고자 많은 국제환경협약이 맺어지고 있다. 우루과이라운드 이후 그린라운드가 새로운 무역 규제 장벽으로 등장하면서, 국제환경협약에 관한 관심이 계속 높아지고 있다. 1933년부터 현재까지 지구 대기의 보전, 유해 물질 규제, 동·식물보호, 해양 환경 보전, 수질 보전, 자연보전 등에 관해 체결되었거나 추진 중인 국제환경협약은 모두 170여 개에 이른다.

세계적인 환경운동가

제인 구달(Jane Goodall)

제인 구달은 우리나라에서도 많이 알려진 환경운동가입니다. 제인은 탄자니아에 여행을 갔다가 침팬지에 관한 연구를 시작했죠. 야생동물과 환경보존을 중시하던 인물입니다. 1977년 비영리 단체인 Jane Goodall Institute를 설립하였고, 환경보존에 관한 연구와 의식을 전파하는 데 힘썼습니다. 침팬지 연구뿐만 아니라 전 세계를 여행하며 친환경을 외치며 청소년들이 지구 보존에 적극적으로 참여할 수 있도록 응원했습니다. 환경에 대한 열정을 느낄 수 있는 유명한 여성 환경운동가 중 한 명입니다.

데이비드 오르(David Orr)

데이비드 오르는 Oberlin college 교수이면서 환경운동가입니다. 기후 위기에 관한 연설을 하고 수많은 책을 집필하였죠. 그는 환경보존과 지속가능성을 위해 환경연구를 위한 Adam Joseph Lewis 센터를 세웠습니다. 이 건물은 북미에서 가장 친환경으로 만든 건축물 중 하나입니다. 또한 환경 활동으로 여러 상을 받기도 했습니다.

* 2002년 바이오니아스 어워드
* 1993년 국가보존 공로상
* 린드허스트 재단의 린드허스트 상
* 1995년 Benton Box Award

그레타 툰베리(Greta Thunberg)

스웨덴의 유명한 환경운동가죠. 17세 때 Friday for Future 운동으로 유명한 그레타 툰베리입니다. 나이가 어림에도 불구하고 환경에 대해 어른들에게 일침을 가하는 말과 행동으로 큰 관심을 받았습니다. 용기 있고 두려움이 없었죠. 세계 지도자들에게 기후 변화의 위협을 바로 잡을 수 있도록 책임을 물었으며, 그들의 문제에 대해 비판을 했습니다.

한스 코스마스 응테야(Hans Cosmas Ngoteya)

한스 코스마스 응테야는 내셔널지오그래픽 탐험가이며 사진 촬영 등에 열정을 가진 탄자니아 출신 환경운동가입니다. 그는 유명한 NGO 단체의 공동 설립자인데, 이 NGO는 다양한 지속가능한 환경으로 만들면서 지역 사회의 소득을 높이고자 했습니다. 어릴 때부터 세렝게티에 살면서 야생동물과 환경에 관한 관심을 지니고 있었는데, 관광 가이드가 되는 대신에 환경과 야생동물을 보호한다는 더 멋진 목표를 선택하여 활동하고 있습니다.

말라이카 바즈(Malaika Vaz)

인도 출신의 내셔널 지오그래픽 탐험가면서 야생동물영화제작자인 말라이카 바즈입니다. 그녀의 세대가 기후 변화로 인한 피해를 직접 목격한 세대라고 말하며, 환경문제에 대해 다양한 목소리를 내고 있습니다. 인도 전역에 있는 멸종 위기종에 대해 탐험하는 TV 시리즈를 제작하고 발표하며 유명해졌습니다.

제임스 한센(James Hansen)

제임스 한센 박사는 미국의 유명한 환경과학자입니다. 그는 오래전부터 환경보존과 지속가능성에 대한 필요성을 인식한 사람 중 하나로 특히 기후에 영향을 미치는 지구대기에 관해 연구했습니다. 그는 1880년부터 1985년까지 기상 데이터 분석을 통해서 지난 세기에 지구 온도가 05도에서 0.7도로 상승했다는 것을 확인했습니다. 2006년에는 지구의 온도가 0.8도 더 올라갔다는 것을 알리기도 했습니다.

폴 호켄(Paul Hawken)

폴 호켄은 미국의 기업가이며 작가이고 환경운동가로 활동합니다. 비즈니스와 자연의 관계에 대해 몇 권의 책을 출판하기도 했는데, 상업 생태계, 자연 자본주의에 대한 주제입니다. 그리고 그가 한 주요 환경보존 작업에는 생태 사업을 설립하고, 상업이 자연에 미치는 영향에 대해 적극적으로 글을 쓰고 알렸습니다. 산업생태와 경제 발전, 환경정책에 대한 컨설팅 활동도 했습니다. 그는 프로젝트 Project Drawdown으로 알려진 비영리 단체의 공동 창업자이자 현재는 전무이사로 있습니다. 이 단체의 주요 목표가 지구 온난화에 대한 인식을 제고하고 지구 온난화를 되돌릴 방법을 수립하는 것입니다. 이 프로젝트는 세계 최고의 과학자와 연구자들이 실현 가능한 100가지 솔루션을 만들기 위해 모여 진행하며 이 글로벌 위기에 대응하는 것을 목표로 노력합니다.

레녹스 이어우드 주니어(Lennox Yearwood Jr.)

루이지애나에서 태어난 Lennox는 HiPHop Caucus의 창립자이며 회장입니다. 미 공군에 복무한 경험도 있죠. 기후 변화에 대한 그의 행동은 허리케인 카트리나 이후에 시작되었습니다. 그는 허리케인 카트리나가 극적인 기후 변화로 인한 날씨로 전 세계가 황폐해진 데 눈을 뜨게 된 사건이라고 언급했습니다. 레녹스는 Climate Mobilization 자문 위원회의 일원으로서 미국 경제를 활성화하고, "2025년까지 온실가스 배출량을 0으로"를 선언할 것을 촉구했습니다.

캐서린 헤이호(Katharine Hayhoe)

케서린은 대기과학자이자 기독교인으로 환경보존 캠페인으로 유명한 환경운동가입니다. 목사이자 언어학자인 남편과 함께 기후 변화에 관한 책을 출간하기도 했습니다. 기후 변화의 참상으로 고통받는 사람과 가난과 궁핍으로 필요한 자원이 부족한 사람들을 돕습니다. 캐서린은 기후 변화가 자연과 경제자원, 세계 안보를 위협하는 모든 환경문제의 근원이라고 말하며 기후 변화에 대처해야 한다고 합니다.

레이첼 카슨(Rachel Carson)

미국의 해양 생물학자인 레이첼 카슨은 책이라는 매체를 통해 환경문제를 알리고 사회변화를 촉구한 환경운동가입니다. 카슨의 대표적인 저서에는 <침묵의 봄>이 있습니다. 합성 살충제(DDT), 제초제 등 화학물질의 위험성을 고발한 20세기 환경학 최고의 고전이라고 할 수 있죠. <침묵의 봄>이 발간된 후 그녀는 화학업계의 조롱과 정부의 압박에 시달려야 했습니다.

어빙 스토/ 도로시 스토 (Irving Stowe/ Dorothy Stowe)

어빙 스토와 도로시 스토는 부부 환경운동가입니다. 그린피스의 공동 창립자에 속하죠. 1970년, 스토 부부는 핵실험 반대 단체 'Don't Make A Wave Committee'를 결성해서 핵실험 현장에 직접 찾아갔습니다. 핵실험 반대 단체는 훗날 국제환경단체 그린피스의 뿌리가 되었습니다. 또한 현장에 직접 찾아가 묵묵히 지켜보는 그들의 전술은 그린피스의 현장 목격(Bearing Witness) 원칙을 만들었습니다.

앨 고어(Albert Arnold Gore)

미국의 제45대 부통령을 지낸 그는 정치인이자 열성적인 환경운동가입니다. 고어는 대학생 시절부터 환경운동에 적극적이었습니다. 정치인 시절, 그는 최초의 환경 청문회를 마련했고 각종 국제 환경 관련 회의를 이끌었습니다. 부통령으로 지내는 동안에도 고어는 환경문제 해결에 꾸준히 노력했고, 2006년에는 그의 강연을 바탕으로 한 영화 <불편한 진실>이 만들어졌습니다. 같은 이름의 책 또한 발간되었고, 이는 <위기의 지구>, <우리의 선택>과 함께 앨 고어의 대표 저서가 되었습니다.

출처: 위키피디아/ 기후프로젝트NGO

국내 환경 기관

국립환경과학원

국립환경과학원

환경보전과 환경오염방지에 관한 조사·연구·평가와 환경관리요원의 훈련업무를 관장하기 위하여 환경부 소속으로 둔 국가연구기관이다.

이 기관이 설립된 과정을 살펴보면, 1967년 2월 국립보건연구원 위생부에 공해과가 신설되고, 1972년 공해과가 수질보전과·대기보전과·환경위생연구담당관실·공해연구담당관실로 확대 개편되었으며, 1978년 7월 환경보전관계 연구기능의 강화로 전문적인 고도의 기술을 요하는 환경문제의 해결을 위하여 국립보건연구원으로부터 독립하여 국립환경연구소가 설치되었다. 이 연구소는 환경오염방지의 중요성이 크게 인식되면서 1986년 10월 국립환경연구원으로 명칭이 변경되어 그 위상이 격상되었으며, 2005년 7월 국립환경과학원으로 개칭되어 오늘에 이르고 있다. 이 연구원에는 원장·서무과·기획과·환경연수부·대기연구부·수질연구부·환경위해성연구부·폐기물연구부 등이 설치되어 있다.

온실가스종합정보센터

국가 온실가스 통계를 작성하고 분석과 검증을 통해 공표한다. 개별 사업장들의 배출량과 배출권거래량을 세부적으로 관리하는 정보 관리 시스템을 운영하며 국제 탄소시장 간 연계 방안을 마련하고 있다. 또한 탄소중립으로 가는 저탄소 발전전략 시나리오를 수립을 체계적으로 지원한다.

환경부
온실가스종합정보센터

화학물질안전원

화학물질안전원은 화학사고를 예방, 대응하는 환경부 소속 전문 기관으로 환경부와 유역·지방환경청, 전국 7개 합동방재센터를 지원하고 화학사고·테러 시 전문인력과 장비, 위험 범위 예측 평가, 과학적 대응 기술과 정보를 제공하기 위하여 설립되었다.

책임운영기관
환경부
화학물질안전원

수도권대기환경청

환경부
수도권대기환경청

수도권대기환경청은 서울, 인천, 경기 등 수도권 일원의 대기환경 개선을 위하여 수도권 대기환경 기본계획을 수립하고 사업장에 대한 대기오염물질 총량 관리, 운행 자동차 저공해화, 계절 관리제 등 다양한 정책을 펼치고 있다. 대기환경의 개선이 수도권 주민의 건강과 삶의 질을 좌우하기에 서울시, 경기도, 인천시 지자체와 긴밀히 소통하고 협력하고 있다.

한국환경공단

한국환경공단(韓國環境公團, Korea Environment Corporation, K-eco)은 2010년 1월 1일에 창립되었고 환경오염방지, 환경개선 및 자원순환을 촉진하는 사업을 효율적으로 추진함으로써 환경보전과 순환형 자원관리체계를 마련하는 등 환경친화적 국가 발전에 이바지하기 위하여 설립된 대한민국 환경부 산하 위탁집행형 준정부기관이다.

한국환경공단
Korea Environment Corporation

한국환경산업기술원

한국환경산업기술원(韓國環境產業技術院, Korea Environmental Industry and Technology Institute, KEITI)은 환경 기술 개발과 친환경상품의 구매를 효율적으로 지원하고 환경산업을 수출전략 산업으로 육성하여, 국민의 삶의 질 향상과 국가 경제의 지속 가능한 발전에 이바지하고자 설립되었다. 공공기관 선진화 계획에 따라 한국환경기술진흥원과 친환경상품진흥원이 통합되어 2009년 4월 8일 한국환경산업기술원으로 출범하였다.

한국환경연구원

한국환경연구원(韓國環境硏究院, Korea Environment Institute, KEI)은 환경정책을 연구하고 환경영향평가 검토업무를 수행하는 공공기관이다. 1992년에 '한국환경기술개발원'이라는 이름으로 설립되었다가 1997년에 해산되었고, 동시에 "한국환경정책·평가연구원"으로 재설립되었다. 2021년 8월 17일 "한국환경연구원"으로 명칭이 변경되었다. 환경 분야 국책연구기관이다. 국무총리(국무조정실) 산하 경제인문사회연구회 소속 기타 공공기관으로 지정되어 있다.

국립생태원

2013년 10월 28일 환경부 산하기관으로 출범한 국립생태원은 국내 최대의 생태연구 인력을 보유한 생태 전문 연구기관이다. 깊이 있는 전문역량을 바탕으로 체계적인 생태계 조사·연구·복원 등을 수행하여 국가의 자연생태계를 보전하고, 국민이 어렵게 느낄 수 있는 생태연구 정보를 쉽고 다양한 생태교육과 생태전시로 풀어내어 전달함으로써 국민의 올바른 생태 의식 함양에 기여하고 있다.

국립공원관리공단

국립공원공단(國立公園公團, 영어: Korea National Park Service, KNPS)은 대한민국의 국립공원을 보전하고, 공원자원에 대한 조사·연구, 공원시설의 설치·관리, 공원 이용에 대한 지도·홍보 등 공원 관리사업을 효율적으로 추진하기 위하여 자연공원법 제44조 규정에 따라 1987년 7월 설립된 대한민국 환경부 산하 위탁집행형 준정부기관이다.

수도권매립지관리공사

수도권매립지관리공사는 수도권에서 발생하는 폐기물의 신속한 처리와 자원화를 위해 2000년에 설립되었다. 오랜 기간 폐기물 처리 현장에서 축적한 기술과 경험을 토대로 매립·자원화 기술을 수출하는 등 자원순환 전문기관으로 성장해 왔다.

한국수자원공사

한국수자원공사(韓國水資源公社, Korea Water Resources Corporation, K-water)는 수자원을 종합적으로 개발, 관리하여 생활용수 등의 공급을 원활하게 하고 수질을 개선함으로써 국민 생활의 향상과 공공복리의 증진에 이바지함을 목적으로 설립된 대한민국의 공기업이다.

환경운동

환경운동이란 자연환경의 보호와 유지를 위해 벌이는 사회운동을 일컫는다.

개설

개인적 차원에서 환경을 해치지 않는 행동을 묵묵히 실천하는 행동을 환경운동이라고 하기보다는 가능하면 많은 사회 구성원이 환경 보호·유지 행동에 참여할 수 있도록 유도하여 지속가능성에 도달하기 위해 노력하는 운동을 환경운동이라고 할 수 있다. 환경운동은 환경 파괴의 실태를 세상에 널리 알리고 정부, 기업, 개인 등 각 행위자가 환경에 부담을 주는 행위에 참여하지 않도록 유도하고 환경 파괴 행위를 감시하거나 환경 파괴 정책을 지속해서 감시함으로써 정부의 정책이나 기업의 활동, 또는 개인의 활동에 변화를 유도하기 위한 운동이다.

현재 지구 환경은 급속도로 파괴되어 가고 있다. 온난화로 인한 기후 변화로 말미암아 북극과 남극·만년빙의 결빙, 사막화, 일조량 감소, 집중 호우 등이 발생하고 있고, 그 외에도 대기·수질·토양·해양 오염 등으로 산성비, 토양 산성화, 산사태, 생물 다양성의 감소 등이 매우 심각하게 진행되고 있다. 환경은 자기 정화 능력을 지니고 있지만, 사회에서 자연에 방출하고 있는 부담은 환경의 자기 정화 능력을 훨씬 넘어섰고 시간이 갈수록 점점 더 많은 부담을 자연에 방출하고 있다. 정부의 정책이나 기업의 이윤 추구 활동, 개인의 소비, 여가 활동 등이 모두 환경에 부담을 외재화하고 있다. 곧 특히 산업사회 이후 개인의 각종 생산, 소비 활동, 기업의 생산·유통 활동, 정부의 각종 정책 등에는 모두 부담의 외재화가 포함되어 있다. 그 부담의 외재화가 축적되어 환경을 파괴하고 있다. 그리고 환경 파괴는 부메랑 효과로 막대한 피해로 되돌아오고 있을 뿐만 아니라 더 중대한 문제는 환경이 회복 불가능한 상태로 파괴되고 있다는 점이다.

사회는 자연환경 내에 존재할 수 있다. 그리고 환경은 유한하지만, 사회는 팽창하고 있다. 사회의 팽창은 경제 성장률에 따라 일어난다. 그리고 그 경제 성장률을 멈출 방법이 요원하다. 그러나 중요한 것은 환경 파괴는 팽창 자체, 성장 자체에서 발생하는 문제가 아니라, 환경에 부담을 전가하면서 팽창하고 있다는 사실이다. 다시 말하면 부담의 외재화를 전제로 한 성장이 인간과 사회의 존재 기반인 환경을 파괴하고 있다는 것이다. 환경운동은 이에 대한 대안 모색을 위한 것이다. 곧 부담의 외재화를 전제로 하지 않은 경제 활동의 가능성, 곧 지속가능성을 추구하고 그에 대한 대안을 마련하는 것이다. 환경운동은 국경을 전제로 하지 않는다. 환경문제는 전 지구적인 공동의 문제이기 때문이다. 따라서 대부분의 환경운동은 국제 연대를 모색하고 있다. 한 나라의 환경문제는 다른 나라에 피해를 주지 않는 문제가 아니기 때문이다. 그리고 부담의 외재화를 부담의 내재화로의 전환은 어느 한 나라에서 실시할 수 있는 것이 아니라, 전 세계적인 공동의 행동을 통해서만 가능하기 때문이다. 환경 단체에 의한 전 지구적 통치는 따라서 매우 시급하고 절실하다. 전 지구적 통치로 가기 위한 이전 단계에서 환경에 부담을 전가하는 각종 따라서 이에 대한 전 지구적인 관심, 토론, 대안 모색이 우선되어야 할 과제이다.

연원 및 변천

환경운동은 환경문제가 본격적으로 불거지기 시작한 1980년대 전후에 시작되었다. 한국의 환경운동은 1981년 '한국공해문제연구소'에서 출발하여, 1987년 민주화 이후로 많은 시민사회단체가 결성되는 시기에, 1991년 낙동강 페놀 방류 사건을 계기로 다양한 환경운동 단체가 결성되었다. 환경운동연합, 녹색연합, 환경정의 등이 가장 대표적인 한국의 환경운동 단체들이다.

내용

환경운동은 환경 파괴의 실태를 널리 알리고, 그 환경 파괴를 막기 위한 조직적인 활동이 필요하며, 다수의 참여 독려와 지지자 확보가 환경 운동의 동력이라 할 수 있다. 한국의 환경운동은 한편에서 매우 성공적으로 진행되어왔다. 지리산, 점봉산, 덕유산 보호 운동을 펼쳤고, 시화호 살리기, 새만금 간척사업을 일시적이나마 중단시켰었고, 동강댐 건설 중단, 핵폐기장 건설 반대, 천성산 살리기 운동을 전개하는 등 환경의 중요한 이슈에 성공적으로 대처하여 왔다. 최근에는 4대강 사업이 환경에 미칠 영향에 대한 재검토를 정부에 요구하는 운동을 집중적으로 실시하고 있다. 그러나 다른 한편에서 한국의 환경운동은 지나치게 정부의 정책에 대한 문제 제기에 치우쳐 있는 경향이 있다. 정부의 정책만이 환경문제를 일으키는 원인이 아니고 정부가 환경정책을 변경시켰다고 해도 환경은 여전히 점점 더 심각한 수준으로 파괴되고 있는 것이 사실이다.

현황

한국의 환경운동은 적지 않은 성과를 거두었다. 환경 영향 평가를 제대로 거치지 않은 각종 사업에 대한 문제를 제기해 왔고, 그것을 통해 대부분 사업을 중단시키는 데 성공하였다. 그러나 한국의 환경운동은 주로 정부 정책에 대한 비판과 문제 제기에 그치고 있다. 그리고 소수의 환경운동 단체 활동가와 환경문제 전문가 등 소수에 의한 운동 방향 설정에 의존하고 있음으로써 환경운동에 더 많은 시민이 참여할 기회가 차단되고 있다. 이에 더하여 세계 경제 침체가 지속됨에 따라 시민들의 환경문제에 관한 관심이 줄어들고 있는 형편이다.

의의와 평가

한국의 환경운동은 여러 가지 여건이 매우 힘든 상태에서도 환경 보호·환경 유지를 위한 다양한 활동을 전개해왔다. 특히 환경운동 단체의 활동가들은 시민들의 참여와 지원이 부족한 상태에서도 자신을 희생해가며 다양한 활동을 펼쳐나갔다. 그들이 노력한 성과는 절대 적지 않다. 각종 정책 입안이나 실행 과정, 기업의 각종 활동에 대한 감시 등을 지속해서 수행해오면서 환경운동은 한국에 뿌리를 내리고 있다. 그러나 한국의 환경운동은 주로 정부와 기업 감시 활동을 위주로 하고 있다.

정부·기업·시민의 구분에 따라 환경운동은 정부 감시와 기업 감시 활동을 하는 시민으로 구성된 것으로 전제하고 있다. 그럼으로써 한국의 환경운동은 시민 역시 정부와 기업 섹터에서 속하고 있고 시민들은 역시 환경 파괴를 하고 있다는 사실을 배제하고 있다. 그리고 한국의 환경운동은 시민들의 참여 유도에 소극적인 편이라고 평가된다. 이는 한국의 환경운동이 주로 정부와 기업 감시에 중점을 주고 있는 것과 무관하지 않다. 또한 한국의 환경운동은 환경 단체 활동가와 자문위원 소수가 주도적으로 사업을 결정하고 회원들은 그 환경 단체를 지지, 지원하는 형식에서 벗어나지 못하고 있다. 환경 보호와 유지에 동참하는 시민들을 보다 늘리고 그들의 자발적인 참여를 유도하는 환경운동의 방향도 필요한 것으로 보인다. 그리고 한국의 환경운동은 전 지구적 연대를 향한 보다 적극적인 활동이 부족한 편이다. 주로 국내 이슈에 민감하게 반응하고 그에 대응하는 활동을 전개하고 있다. 한국의 환경문제는 곧 외국의 환경문제이고 외국의 환경문제 역시 한국과 무관하지 않은 문제이다. 외국의 환경운동 단체와 좀 더 긴밀한 협조를 통한 환경운동의 전 지구적 확산 역시 꾀할 필요가 있을 것으로 보인다. 범세계적 연대를 통한 환경운동은 각종 환경 파괴의 결과들이 복합적으로 서로 연결되어 나타날 결과들을 보여주고 그 위급함을 널리 알리는 데 주력하여야 할 필요가 있다. 그를 통해 인류가 공동으로 택하여야 할 과제가 무엇인지를 널리 알리고 그에 관한 토론을 통해 환경 파괴를 축소할 수 있는 대안을 모색하여야 할 것이다.

출처: 한국학중앙연구원

환경공학 관련 도서와 영화

관련 도서

대한민국 탄소중립 2050 (한국환경연구원 저/ 크레파스북)

지금 우리는 전 세계의 판이 바뀌는 변곡점에 서 있다. 탄소중립 실현을 위해 지금껏 살아온 세상과 전혀 다른 세상을 만들어야 하기 때문이다. '탄소중립'이란 탄소배출량과 탄소흡수량의 균형을 의미한다. 즉, 이산화탄소 순배출량을 '0(제로)'로 만드는 것이며, 이를 위해서는 화석 연료에 기반한 기존의 모든 시스템을 바꿔야 한다.

2020년 10월 28일, 정부는 2050년까지 탄소중립을 실현하겠다고 선언했다. 최근에는 '2050 탄소중립 시나리오'도 공개되었다. 우리에게 주어진 시간은 30년 정도에 불과하다. 그 기간 안에 짧게는 산업혁명 이후, 길게는 인류 문명의 역사와 함께한 화석 연료와 완전히 작별해야 하는 것이다. 쉽지 않은 문제다. 그래서 실현 가능성에 대해 회의적인 사람들도 많지만, 기후변화가 극심해진 상황에서 탄소중립은 갈지 말지가 아니라 어떻게 갈지 가능한 방법을 찾고, 목표를 향해 나아가야 할 때이다.

『대한민국 탄소중립 2050』은 기후 위기 시대를 살아가는 모든 사람을 위한 교과서이자 교양서다. 책에서는 탄소중립의 배경과 전략을 비롯해 에너지·산업·수송·건물 등 각 분야 탄소배출의 특성과 쟁점, 그리고 정부·기업·시민 등 각 경제주체가 해야 할 역할을 함께 제시한다. 아울러 현재 쟁점이 되는 배출권거래제, 탄소 국경세, 탄소 포집 및 저장·활용 기술 등을 소개하면서 대한민국이 다가올 미래 변화에 어떻게 대응해야 하는지 살펴본다. 특히 대한민국 환경 분야 국책연구기관인 한국환경연구원(KEI)에서 직접 기획·감수한 책으로, 우리 국민이 꼭 알아야 할 탄소중립 지식을 빠짐없이 담고자 했다.

한 컷 만화로 보는 지구별 환경 지식 (오창길 저/ 북센스)

『한 컷 만화로 보는 지구별 환경 지식』은 꼭 알아야 할 50가지의 환경 지식을 흥미로운 한 컷 만화로 알려주는 책이다. 오늘날 빨대, 플라스틱병, 음료수 캔, 에어컨, 자판기 등 우리를 편리하게 하는 것들이 플라스틱 쓰레기, 해양 쓰레기, 미세먼지, 이상기후, 환경오염 등으로 변해 우리에게 다시 돌아오며 지구를 병들게 하고 있다.

교토대 환경공학과 명예교수이자 정식 등단한 환경 만화가인 하이문 교수는 환경문제의 심각성을 알리고 해결 방법을 찾기 위해 오랫동안 환경 세미나와 워크숍을 활발히 진행해왔다. 그중에서도 특히 학생들이 쉽게 배울 수 있도록 어려운 환경 개념이나 이슈들을 재미있는 한 컷의 만화로 표현하는 학습법을 개발하였고, 이는 교토대를 비롯하여 다양한 대중 강연에서 열렬한 호응을 얻으며 큰 인기를 얻었다.

이 책은 그중에서도 처음 환경 공부를 시작하는 학생들과 환경 수업에 열의를 가진 여러 선생님이 꼭 알아야 할 환경 지식 50가지를 모아 한 권에 담은 것이다. 먼저 재미있는 만화를 보고 생각을 정리한 후 천천히 글을 곱씹으면 그동안 손에 잡힐 듯 잡히지 않던 어려운 환경 이야기들이 어느새 자연스레 자신의 것으로 체득되는 것을 알 수 있다. 이제 다 함께 '만화 그리는 폐기물 과학자' 하이문 교수와 함께 지구를 구하는 여행을 떠나자.

빌 게이츠, 기후재앙을 피하는 법 (빌 게이츠 저/ 김영사)

혁신적 엔지니어이자 실용적 환경주의자 빌 게이츠가 10년간 집중적으로 연구한 끝에 마침내 공개하는 기후재앙 극복 해법. 목표는 명확하고 계획은 구체적이다! 매년 발생하는 온실가스 배출량 510억 톤을 2050년 선진국부터 '순 제로(net zero)'로 만들 것. 탄소 문명을 청정에너지 문명으로 바꿀 '기술-정책-시장구조'를 만들 것. 성장과 지구가 양립 가능한 계획을 위해 정부와 기업 그리고 각자가 할 수 있는 일을 구체적으로 제시한다. 물리학, 화학, 생물학, 공학, 정치학, 경제학, 재무학 분야의 전문가와 협력해 발견한 유일한 솔루션과 실현 가능한 로드맵.

카오스 (제임스 글릭 저/ 동아시아)

카오스를 한마디로 하면, 바로 '무질서 속의 질서'이다. 다시 말하면, 우리가 발견하는 질서 속에서 혼돈이 있으며, 혼돈 속에도 질서가 있다는 것이다. 대류나 진자의 운동, 난류에는 거의 모든 것을 이해했다고 여겨 더 이상 연구하지 않는다. 하지만 카오스 연구자들은 이렇듯 가장 단순한 진자의 운동이나 대류의 굴림 운동에도 우리가 예측할 수 없는 무질서가 존재함을 발견한다. 이른바 선형성에 한정된 과학으로는 설명하고 예측할 수 없는 현상들이 존재한다는 것이다. 이런 무질서 속의 질서, 예측 불가능성, 비선형 과학을 가장 잘 표현하는 것들이 바로 이들에 의해서 고안된 나비 효과나 프랙탈, 이상한 끌개, 분기와 같은 개념들이다.

카오스 혁명을 이끌었던 사람들은 과학의 변방에서 나왔다. 토머스 쿤의 표현을 빌려 말하면, 이들은 정상과학의 테두리 안에서 단순히 기존 과학의 문제만 풀이하던 사람들이 아니었다. 책에는 이렇듯 과학계 변방에 있던 사람들이 어떻게 사상적 씨앗을 뿌렸으며, 기성 과학에서는 어떻게 반응을 보였는지 또 어떻게 과학계에 새로운 혁명을 일으켰는지를 극적으로 풀어낸다. 또한 카오스 이론은 등장한 이래로 수없이 많은 분야에 영향을 끼쳤다. 이제는 대중들의 상투어가 되어버린 카오스 이론의 핵심 개념들을 가장 명쾌하고 대중적으로 소개한다.

침묵의 봄 (레이첼 카슨 저/ 에코리브르)

20세기에 가장 큰 영향력을 미친 책으로 일컬어지는 침묵의 봄의 개정판이다. 무분별한 살충제 사용으로 파괴되는 야생 생물계의 모습을 적나라하게 공개해 큰 충격을 줬던 이 책은 언론의 비난과 이 책의 출판을 막으려는 화학업계의 거센 방해에도 카슨은 환경문제에 대한 새로운 대중적 인식을 이끌며 정부의 정책 변화와 현대적인 환경운동을 촉발하기도 했다.

모르고 먹고 알고 버리는 물 (최의소 저/ 자유아카데미)

『모르고 먹고 알고 버리는 물』은 물을 취수하여 어떻게 처리하는지를 소개하여 물에 대한 궁금증을 풀어주는 책이다. 이를 통해 독자 스스로 어떤 물을 먹어야 하는지를 결정할 수 있을 것이다. 현재 전 세계 인구는 약 70억 명인데, 2050년이 되면 90~100억 명이 된다고 한다. 따라서 그때는 이 인구가 제한된 수자원을 나누어 먹어야 한다. 또한 에너지의 지나친 사용으로 지구온난화가 진행되고 있어 우리의 생활 방식을 바꾸어야 하지 않을까 하는 생각도 든다. 이러한 미래를 위한 준비에 필요한 내용을 이 책에 정리했다.

기후변화와 에너지산업의 미래 (에너지고위경영자과정 변화와 미래 포럼, 강신흥, 김기현, 류준우, 원주연, 이정희, 이호용, 이현화, 임병호, 최승신 저/ 아모르문디)

우리나라를 비롯한 전 세계에서는 기후변화 대응과 지속 가능한 성장을 위해 어떤 노력을 기울이고 있을까? 에너지업계 최고 전문가들에게 듣는 국내외 에너지전환의 현실과 미래 그리고 깊이 있는 분석과 전망까지, 지구의 생존을 위한 에너지산업의 변화를 분야별로 자세히 살펴본다. 에너지경제원이 주관한 에너지고위경영자과정(EMP)을 함께한 전문가들이 필진으로 참여하여, 각자의 분야에서 오랫동안 종사하면서 쌓은 지식과 경험 그리고 교육과정에서 함께 논의한 내용을 심화하여 일반 독자 및 에너지업계 종사자들과 공유하고자 펴냈다.

이 책에서는 에너지 정책기관과 공기업, 일반 기업의 최고 전문가와 경영자들이 '기후 위기'로 불리는 급격한 기후변화에 대한 대응과 에너지전환 관련 이슈들을 분야별로 짚어보고, 세계적인 추세와 우리나라의 현실을 분석하며 지속 가능한 친환경적 미래 산업을 위한 합리적이고 선제 대응 방안과 정책을 제시한다. 3부로 구성한 총 14편의 글에서 필자들은 다양한 데이터를 제시하면서 기후 위기 대응과 지속 가능한 성장을 위한 에너지전환의 현실과 구체적인 발전 방향을 심도 있게 고찰한다.

지구가 뿔났다 (남종영 저/ 꿈결)

청소년, 지구를 부탁해! 자연과 인간의 평화로운 공존을 꿈꾸는 청소년을 위한 환경 교양서.

한겨레 남종영 기자가 들려주는 생생하고 현장감 넘치는 이야기들을 통해 위기에 처한 지구의 어제와 오늘을 알아보고 내일을 바꾸는 방법을 찾아본다.

미래 환경을 삶의 터전으로 삼아야 할 청소년들이 꼭 알아야 할 지구와 환경 이야기를 담은 책이다. 이상기후와 멸종 사태, 동물 복지, 환경 파괴, 식품 문제 등 핵심적인 환경 문제를 두루 살피고 있으며, 가습기 살균제나 원자력 발전소, 해양 쓰레기, 4대강 사업과 같은 시사적인 환경 이슈들도 함께 다루고 있다. 단편적인 정보나 지식의 나열이 아니라, 여러 학문 분야를 넘나들며 기본적인 과학적 원리와 사회적 관심사를 청소년의 눈높이에 맞춰 쉽고 재미있게 풀어내고 있다. 청소년들에게 환경문제의 심각성을 알려주고 호기심을 불러일으키기 위해 다양한 사진 자료와 지도, 그래프, 세계적인 환경 보호 캠페인 광고 등 감각적인 시각 자료도 풍부하게 담았다.

MT환경공학 (박석순 저/ 장서가)

이 책은 환경공학이 다루는 내용과 범위에서부터 미래에 이루어질 연구에 이르기까지 이 분야를 전공하려는 학생들이 궁금해하는 모든 것을 포괄하고 있다.

환경공학이란 무엇이며, 환경공학도가 되는 데 필요한 준비는 어떤 것이 있는지 그리고 졸업 후 진출 분야와 하는 일들은 무엇인지 소개했다. 또한 '나 경감의 사건일지'를 통해 세계 주요 환경 재난을 흥미롭게 풀고 있으며, 환경 관련 영화, 책들을 소개하여 더 쉽게 환경문제에 접근하는 방법을 제시해 주고 있다. 그리고 환경공학과를 졸업하고 현장에서 일하고 있는 선배들의 생생한 인터뷰를 통해 미래직업 세계도 엿볼 수 있다. MT 환경공학은 환경공학 및 환경과학과에 진학하려는 학생과 진로 지도를 하는 교사에게 좋은 길잡이가 되어줄 수 있을 것이다.

관련 영화

판도라 (2016년/ 136분)

역대 최대 규모의 강진에 이어 원자력 폭발 사고까지 예고 없이 찾아온 초유의 재난 앞에 한반도는 일대 혼란에 휩싸이고 믿고 있던 컨트롤 타워마저 사정없이 흔들린다. 방사능 유출의 공포는 점차 극에 달하고 최악의 사태를 유발할 2차 폭발의 위험을 막기 위해 발전소 직원인 '재혁'과 그의 동료들은 목숨 건 사투를 시작하는데...

영화 〈판도라〉는 역대 최대 규모의 강진에 이어 한반도를 위협하는 원전 사고까지, 예고 없이 찾아온 대한민국 초유의 재난 속에서 최악의 사태를 막기 위한 평범한 사람들의 사투를 그린 작품이다. 원전을 소재로 한 최초의 재난 블록버스터로 긴박한 스토리와 초대형 스케일, 그리고 뜨거운 감동과 휴머니즘을 담아냈다.

승리호 (2021년/ 136분)

2092년, 지구가 오염되고 병들어 사람이 거의 살 수 없게 되어 UTS사는 지구 위성궤도에 인류의 새로운 보금자리를 지었지만 선택된 소수만이 거주할 수 있다.

우주 쓰레기 수집선 '승리호'의 선원들은 각자의 사연을 가지고, 궤도에서 쓰레기를 처리하면서 살아간다. 하지만 대량살상무기로 알려진 '도로시'라는 로봇을 발견하게 되면서 이들의 삶에 갑작스러운 전환점이 찾아오는데, 위험한 거래에 휘말린 그들의 운명을 그린 영화.

괴물 (2006년/ 119분)

어느 연구소에서 100병이 넘는 발암 물질인 포름알데히드가 하수구에 버려져 서울 한강으로 흘러 들어갔다. 버려진 독약을 먹은 한강의 물고기는 곧 상상을 초월하는 괴생물체로 변하고 만다. 늘 변함없이 우리 곁을 흐르는 한강, 가장 평화롭고 익숙한 그곳에서 어느 날 문득 무서운 괴생물체가 출현한다. 예기치 못한 사건은 매점을 운영하는 강두 가족에게 감당하기 힘든 불행을 안겨준다. 특별할 것 없이 평범한 오징어를 굽고, 컵라면을 팔던 한 가족은 필연적인 이유로 괴물과 싸울 수밖에 없고, 상황은 점점 더 어려워만 간다.

영화 〈괴물〉은 바로 이러한 상황 속에서 오직 자기 가족을 지키기 위해 모든 것을 잃고 싸우는 가족에 관한 영화이다.

다크 워터스 (2020년/ 127분)

젖소 190마리의 떼죽음, 메스꺼움과 고열에 시달리는 사람들, 기형아들의 출생, 그리고 한 마을에 퍼지기 시작한 중증 질병들...

대기업의 변호를 담당하는 대형 로펌의 변호사 '롭 빌럿'(마크 러팔로)은 세계 최대의 화학기업 듀폰의 독성 폐기물질(PFOA) 유출 사실을 폭로한다. 그는 사건을 파헤칠수록 독성 물질이 프라이팬부터 콘택트렌즈, 아기 매트까지 우리 일상에 침투해 있다는 끔찍한 사실을 알게 되고 자신의 커리어는 물론 아내 '사라'(앤 해서웨이)와 가족들, 모든 것을 건 용기 있는 싸움을 시작한다.

비포 더 플러드 (2016년/ 196분)

〈비포 더 플러드〉는 디카프리오가 직접 출연한 기후변화 다큐멘터리다. 영화는 세계 곳곳 기후변화의 현장을 보여준다. 그중에는 디카프리오가 직접 겪었던 일화가 나온다. 영화 〈레버넌트〉를 촬영할 때 눈과 얼음이 덮인 촬영지를 찾아 5,000km나 이동해야만 했다는 것이다. 지구의 에어컨인 북극의 얼음이 녹아 조만간 배로 항해를 할 수 있다는 전망마저 나온다. 미국 플로리다는 해수면이 높아져 수시로 발생하는 홍수 때문에 도로를 높이고 펌프를 설치한다. 팔라우 섬은 사라질 위기에 놓여 있고, 방글라데시는 이상 폭우로 농사를 망친다. 바다의 생태계는 위협받고 있다. 영화는 기후변화를 부정하는 산업계와 과학자들과의 논쟁의 역사와 기후변화를 극복하기 위한 여러 노력도 보여준다. 정보와 데이터, 사례, 그리고 디카프리오의 나레이션, 모두 적절하고 친절하다. 기후변화에 관한 교과서 격의 다큐멘터리다.

인 더 더스트 (2018년/ 89분)

유럽 곳곳에서 진도 6.7의 지진이 발생하며 혼란이 가속화되고 있는 가운데 프랑스 파리에 지진과 함께 미세먼지가 차오르는 사상 초유의 자연재해가 발생한다. 이미 다수의 사상자가 발생하며 파리 인구의 60%가 사망한 상황. 마티유는 아내 안나와 함께 건물 상층부로 간신히 대피하지만, 미세먼지는 빠른 속도로 차오른다. 모두가 높은 지대로 대피하기 위해 혈안이 되어 있는 상황 속 마티유는 집 안에 갇혀 있는 딸을 구해야만 한다. 선천성 질환으로 인해 집 안의 밀폐된 캡슐 안에서만 살아갈 수 있는 딸을 구하기 위해 마티유와 안나는 필사의 사투를 벌인다. 지진으로 인해 건물 4층 높이까지 죽음의 미세먼지가 차오른 파리. 마티유는 아내 안나와 함께 꼭대기 층에 사는 이웃집으로 간신히 대피하지만, 미세먼지는 빠른 속도로 차오른다. 선천성 질환으로 인해 집 안의 밀폐된 캡슐 안에서만 살아갈 수 있는 딸을 구하기 위해 둘은 분투하는데...

투모로우 (2004년/ 123분)

기상학자인 잭 홀박사는 남극에서 빙하 코어를 탐사하던 중 지구에 이상 변화가 일어날 것을 감지하고 얼마 후 국제회의에서 지구의 기온하락에 관한 연구발표를 하게 된다. 급격한 지구온난화로 인해 남극, 북극의 빙하가 녹고 바닷물이 차가워지면서 해류의 흐름이 바뀌게 되어 결국 지구 전체가 빙하로 뒤덮이는 거대한 재앙이 올 것이라고 경고한다. 그러나 그의 주장은 비웃음만 당하고 상사와의 갈등만 일으키게 된다. 잭은 상사와의 논쟁으로 퀴즈대회 참가를 위해 뉴욕으로 가는 아들 샘을 데려다주는 것을 잊어버리고 만다.

얼마 후 아들이 탄 비행기가 이상 난기류를 겪게 되고 일본에서는 우박으로 인한 피해가 TV를 통해 보도되는 등 지구 곳곳에 이상기후 증세가 나타나게 된다. 잭은 해양 온도가 13도나 떨어졌다는 소식을 듣게 되고 자신이 예견했던 빙하시대가 곧 닥칠 것이라는 두려움에 떨게 된다. 잭은 앞으로 일어날 재앙으로부터 아들을 구하러 가려던 중 백악관으로부터 연락을 받는다. 잭은 브리핑을 통해 현재 인류의 생존을 위해서는 지구 북부에 있는 사람들은 이동하기 너무 늦었으므로 포기하고 우선 중부지역부터 최대한 사람들을 멕시코 국경 아래인 남쪽으로 이동시켜야 한다는 과감한 주장을 하면서 또다시 관료들과 갈등을 겪게 된다. 이동을 시작한 사람들은 일대 혼란에 휩싸이게 되지만, 잭은 아들이 있는 북쪽 뉴욕으로 향한다.

인류를 구조할 방법을 제시한 채 아들을 구하기 위해 역진하는 잭의 운명은 어떻게 될 것인가? 또, 인류는 지구의 대재앙을 극복할 수 있을 것인가?

산호초를 따라서 (2017년/ 88분)

산호초 탈색 과정을 기록할 수 있는 사상 첫 타임랩스 카메라를 발명하겠다는 목표 아래, 광고인과 자칭 산호초 마니아, 일류 카메라 디자이너들, 저명한 생물학자들이 서로의 지혜를 한데 모으기로 한다. 숨 막히게 아름다운 영상이 특징인 〈산호초를 따라서〉는 가슴 졸이게 하는 긴장감과 놀라움의 연속이다.